计 算

高等职业教育“十三五”规划教材

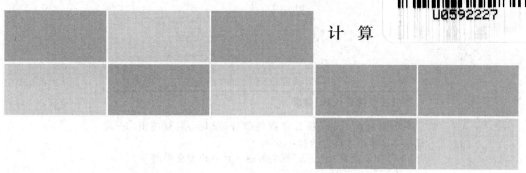

中小微企业 Linux 项目化案例教程

主 编 张 莉 袁 芬
副主编 杨官霞 杨淑贞

北京师范大学出版集团
BEIJING NORMAL UNIVERSITY PUBLISHING GROUP
北京师范大学出版社

图书在版编目(CIP)数据

中小微企业 Linux 项目化案例教程/张莉，袁芬主编．—北京：北京师范大学出版社，2018.9
（高等职业教育“十三五”规划教材·计算机专业系列）
ISBN 978-7-303-24057-9

Ⅰ.①中… Ⅱ.①张…②袁… Ⅲ.①Linux 操作系统—高等职业教育—教材 Ⅳ.①TP316.85

中国版本图书馆 CIP 数据核字(2018)第 183782 号

营销中心电话 010-62978190 62979006
北师大出版社科技与经管分社 www.jswsbook.com
电子信箱 jswsbook@163.com

出版发行：北京师范大学出版社 www.bnup.com
北京市海淀区新街口外大街 19 号
邮政编码：100875
印　　刷：保定市中画美凯印刷有限公司
经　　销：全国新华书店
开　　本：787 mm×1092 mm 1/16
印　　张：13.5
字　　数：258 千字
版　　次：2018 年 9 月第 1 版
印　　次：2018 年 9 月第 1 次印刷
定　　价：32.00 元

策划编辑：华　珍　周光明　　责任编辑：华　珍　周光明
美术编辑：刘　超　　装帧设计：刘　超
责任校对：赵非非　黄　华　　责任印制：赵非非

前言

本教材从中小企业Linux平台的实际需要出发，应用项目案例的方式全面介绍了Linux系统平台的基础知识、系统的安装、Linux基础知识、Linux基本应用、Linux系统下主要服务器的配置、Linux下的编程等内容。全书分为五项目，第一项目Linux的安装和配置，主要介绍了VMware的安装和适用、各种版本Linux的安装以及虚拟工具的使用；第二项目Linux的基础，主要介绍了Linux下的基本命令、vi编辑器的基本操作、用户界面和shell操作、用户与组群的管理；第三项目Linux基础应用，主要介绍了Linux下常用工具软件的使用、使用GIMP软件制作静态动态图片；第四项目Linux下服务器的配置，主要介绍了Apache服务器、数据库服务器、DNS服务器、电子邮件服务器、Samba服务器、Linux下JSP、PHP编程环境的设置以及使用WebMin图形化设置各种服务器；第五项目Linux编程，主要介绍了Linux下常用shell脚本编程、C语言编程及调试。最后为综合项目俄罗斯方块的实现。

本教材适用于高职高专院校计算机、信息技术、电子商务等专业的专业基础课，也可作为信息技术培训机构的培训用书，还可以作为嵌入式开发人员、网络管理人员、动态网站设计人员、网站运维人员与Linux C编程人员的参考用书。

本书由张莉、袁芬任主编，杨官霞、杨淑贞任副主编。具体编写分工如下：张莉编写项目一、项目二、项目五，杨淑贞编写项目三，杨官霞编写项目四，袁芬负责全书的统稿和校对工作。

本书编写过程中得到了浙江长征职业技术学院各级领导的大力支持，特别是计算机与信息技术系的老师对教材的编写提出了很多宝贵的意见和建议，在此一并感谢。

由于编者水平有限，书中难免存在不足之处，敬请各位专家、读者提出宝贵意见和建议。

编　者

目 录

项目一　Linux 的安装和配置

知识目标

1. VMware 的安装和使用。
2. 在虚拟机下安装 Linux 系统。
3. 配置 Linux 系统。

任务 1　VMware 的安装和使用

1. 相关知识

虚拟机(VMware)是支持多操作系统并行运行在单个物理服务器上的一种系统，能够提供更加有效的底层硬件使用。在虚拟机中，中央处理器芯片从系统其他部分划分出一段存储区域，操作系统和应用程序运行在“保护模式”环境下。如果在某虚拟机中出现程序冻结现象，这并不会影响运行在虚拟机外的程序操作和操作系统的正常工作。

虚拟机具有四种体系结构：第一种为“一对一映射”，其中以 IBM 虚拟机最为典型。第二种由机器虚拟指令映射构成，其中以 Java 虚拟机最为典型。Unix 虚拟机模型和 OSI 虚拟机模型可以直接映射部分指令，而其他的可以直接调用操作系统功能。

在真实计算机系统中，操作系统组成中的设备驱动控制硬件资源，负责将系统指令转化成特定设备控制语言。在假设设备所有权独立的情况下形成驱动，这就使得单个计算机上不能并发运行多个操作系统。虚拟机则包含了克服该局限性的技术。虚拟化过程引入了低层设备资源重定向交互作用，而不会影响高层应用层。通过虚拟机，客户可以在单个计算机上并发运行多个操作系统。

优点：客户操作系统和应用程序可以运行在虚拟机上，而不需要提供任何交互作用的网络适配器的支持。虚拟服务器只是物理以太网中的一种软件仿真设备。

2. 实训目标

(1)熟练掌握 VMware 软件的安装。

(2)掌握使用 VMware 创建虚拟计算机。

3. 实训内容

(1)安装 VMware 软件。

(2)安装 VMware Workstation 汉化补丁。

(3)创建一台用于安装 Red Hat Linux 的虚拟机。

4. 实训步骤及结果

子任务 1：安装 VMware Workstation

【操作步骤】

(1)双击安装程序后来到 VMware Workstation 安装向导界面(图 1-1-1)。

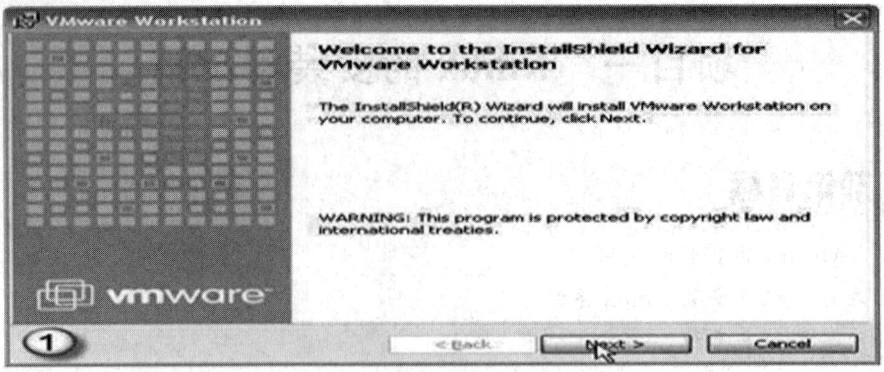

图 1-1-1　VMware 安装界面

(2)选中“是的，我同意”(图 1-1-2)。

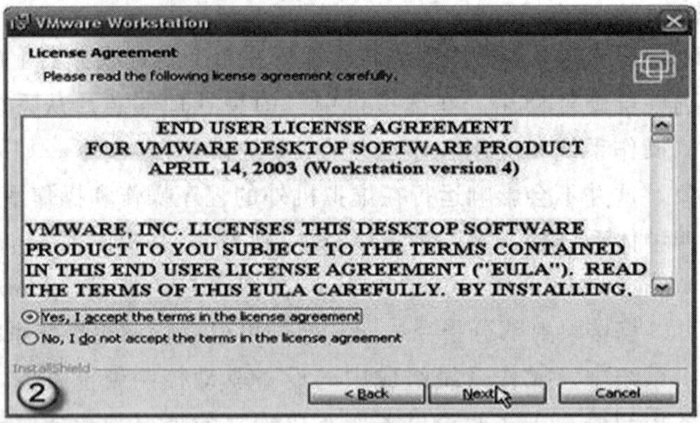

图 1-1-2　接收用户协议

(3)选择安装路径(这里选择默认路径)(图 1-1-3)。

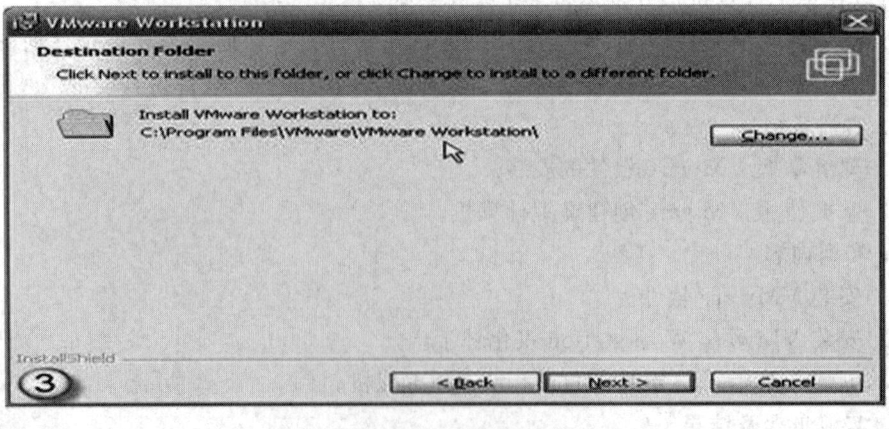

图 1-1-3　选择安装路径

(4)确定无误后单击“Install”(图 1-1-4)。

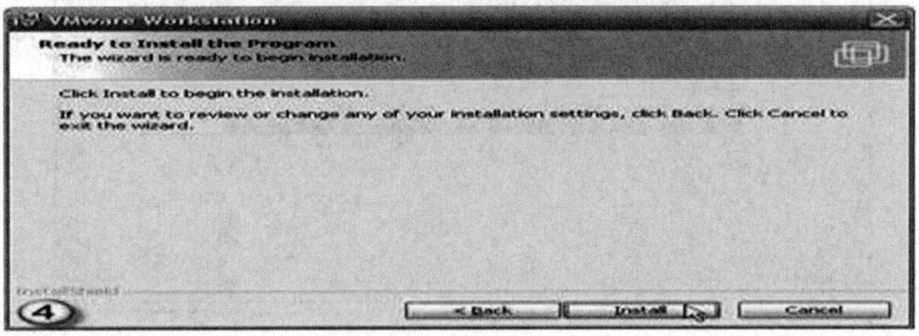

图 1-1-4　进行安装

(5)安装过程中…(图 1-1-5)。

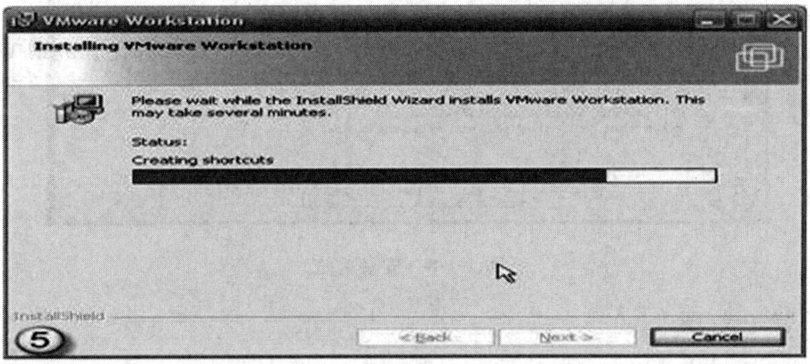

图 1-1-5　安装过程中

(6)如果主机操作系统开启了光驱自动运行功能，安装向导弹出提示框提示光驱的自动运行功能将影响虚拟机的使用询问是否要关闭此项功能，选择“是”关闭掉主机的此项功能(图 1-1-6)。

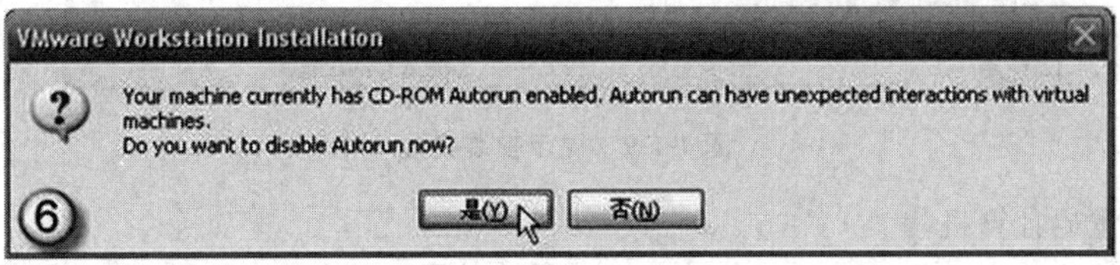

图 1-1-6　选择是否自动运行

(7)安装继续进行(图 1-1-7)。

(8)安装完毕时向导弹出提示询问是否对以前安装过的老版本的 VMware Workstation 进行搜索，如果第一次安装 VMware Workstation 请选择“NO”(图 1-1-8)。

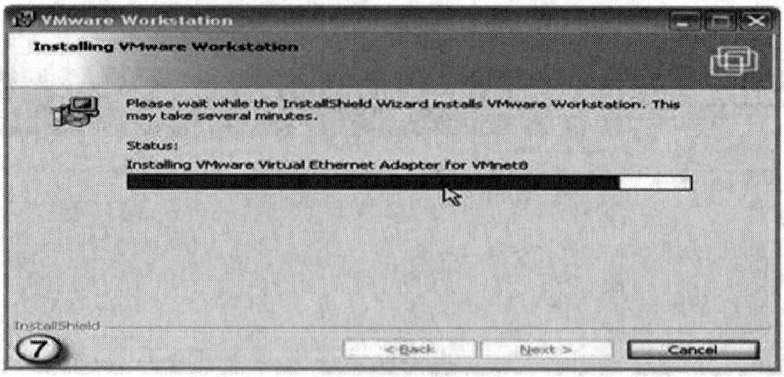

图 1-1-7　安装继续进行

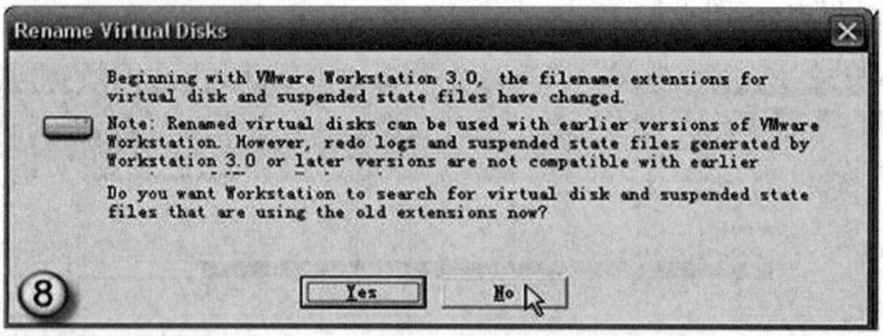

图 1-1-8　安装完成

(9)安装完成(图 1-1-9)。

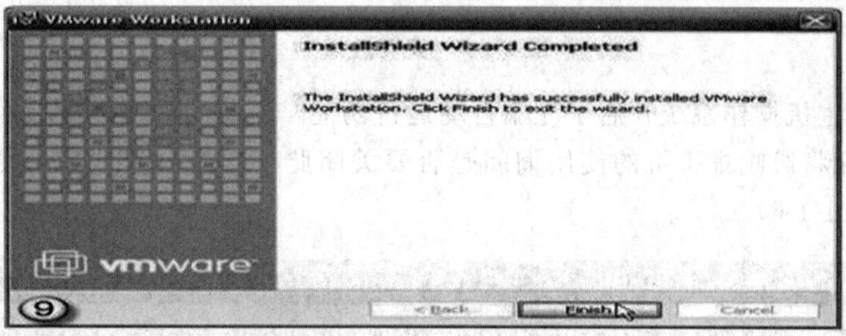

图 1-1-9　提示安装完成

(10)重启计算机。

(11)如果你安装的是原版的 VMware Workstation 并且不喜欢 E 文界面可以使用汉化补丁(图 1-1-10)。

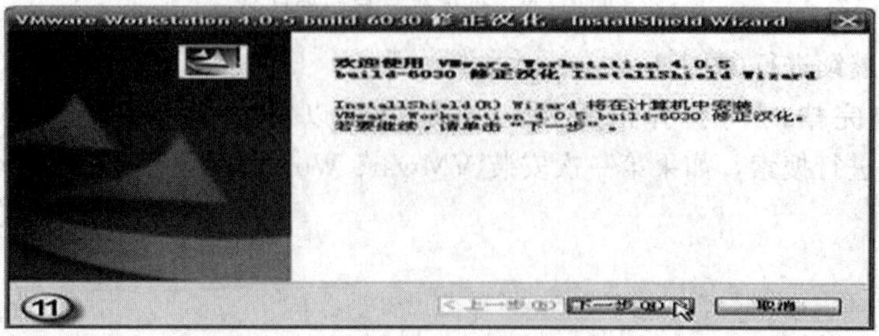

图 1-1-10　汉化补丁

(12)填写用户名等信息(图 1-1-11)。

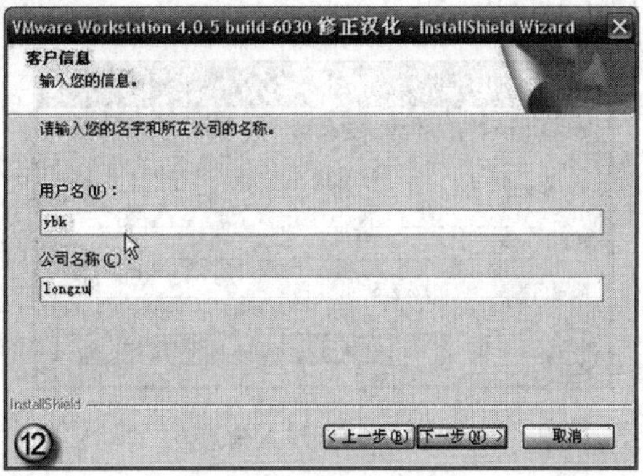

图 1-1-11 填写用户信息

(13)选择“全部”(图 1-1-12)。

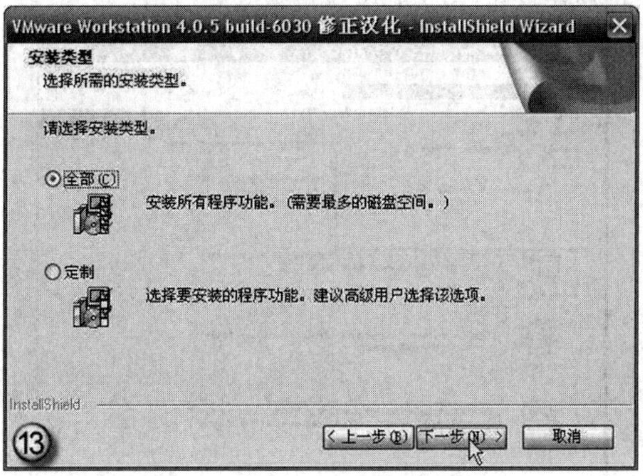

图 1-1-12 安装全部

(14)安装汉化补丁完成后准备一个可用的序列号或算号器进行注册(图 1-1-13)。

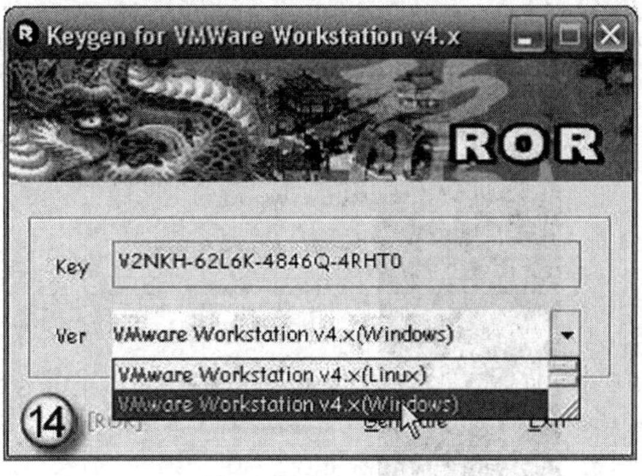

图 1-1-13 进行注册

注意:序列号和算号器对应的版本要看清哦!

(15)在 VMware Workstation 的菜单栏依次展开帮助-输入序列号，在下面出现的窗口内填写注册信息(图 1-1-14)。

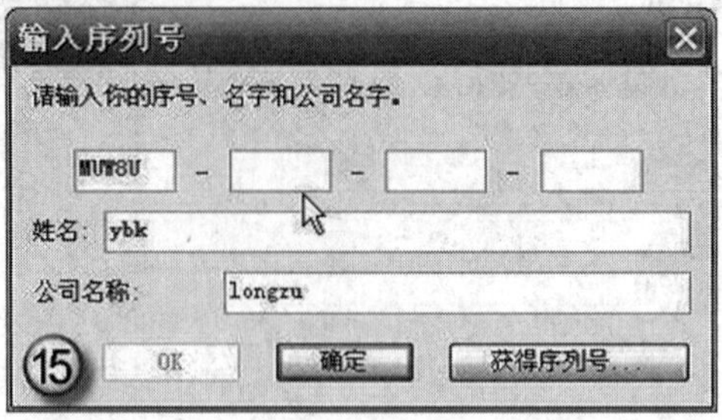

图 1-1-14　填入信息

子任务 2：创建一个虚拟机

【操作步骤】

(1)单击菜单中的新建按钮(图 1-1-15)。

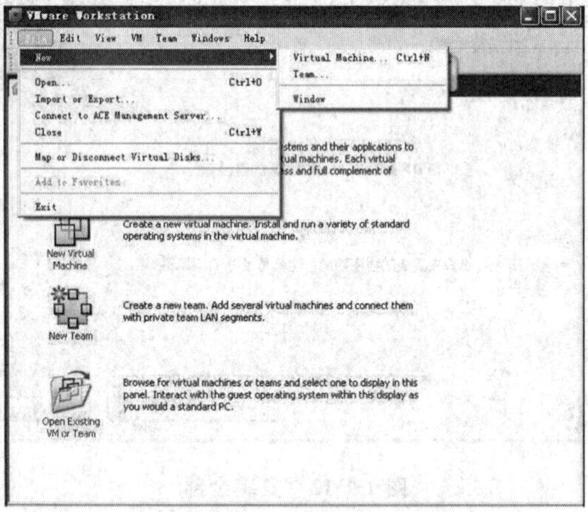

图 1-1-15　新建虚拟机

(2)建议选择“典型”，这些配置在安装好虚拟机后还是可以更改的(图 1-1-16)。

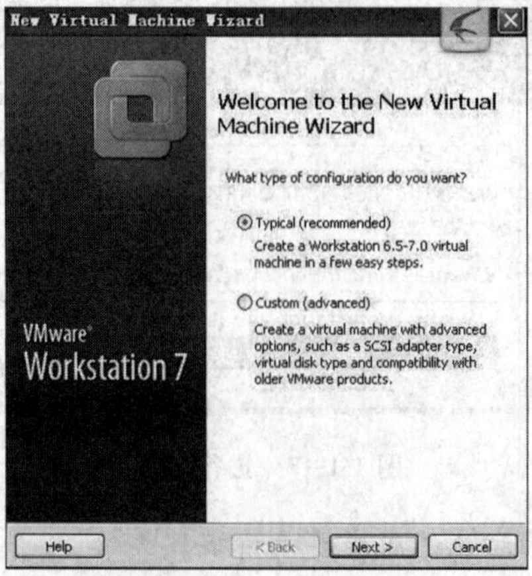

图 1-1-16　选择安装方式

(3)选择安装盘映像文件的位置(图 1-1-17)。

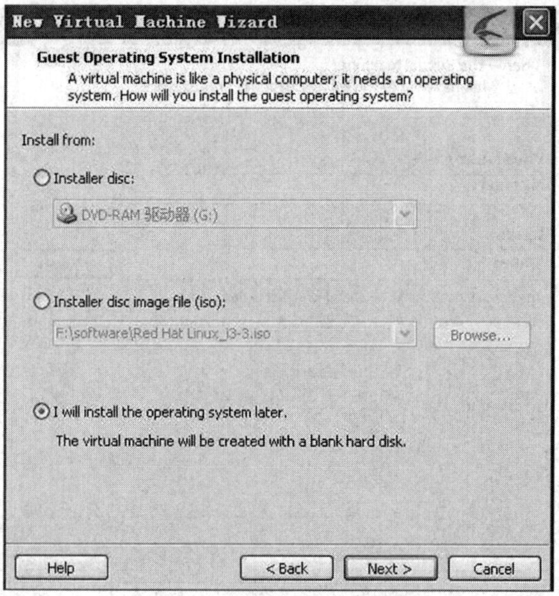

图 1-1-17　选择镜像文件位置

(4)选择用户操作系统这里有很多可选择(图 1-1-18)。

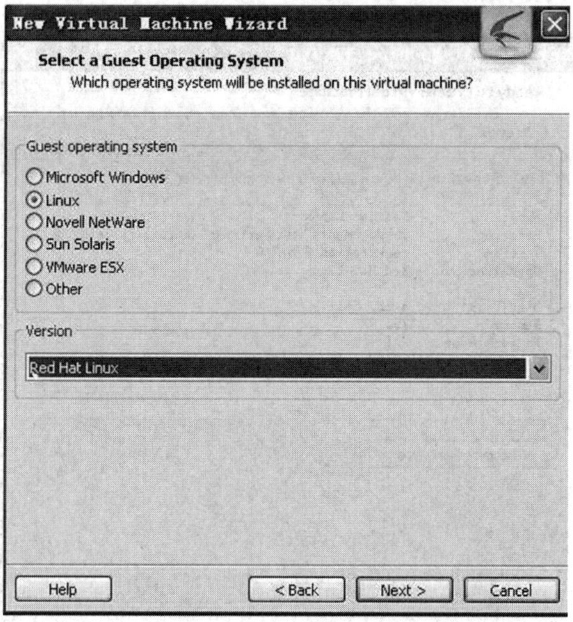

图 1-1-18　选择操作系统

(5)输入虚拟机名和存放虚拟机文件的文件夹的路径(图 1-1-19)。

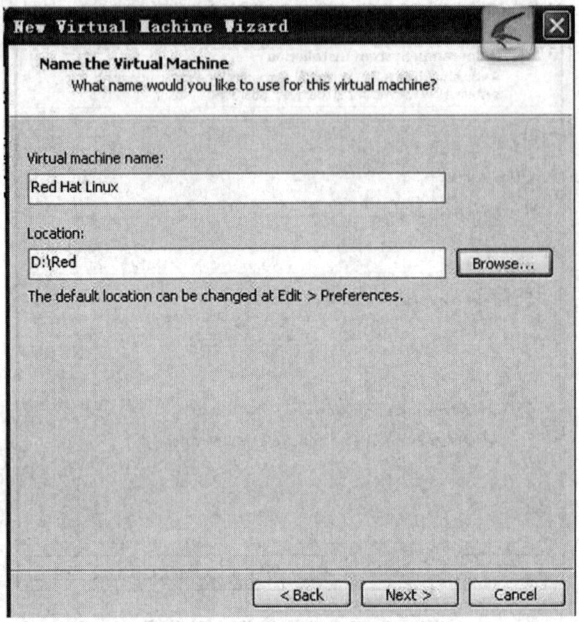

图 1-1-19　选择位置

(6)分配虚拟机内存(图 1-1-20)。

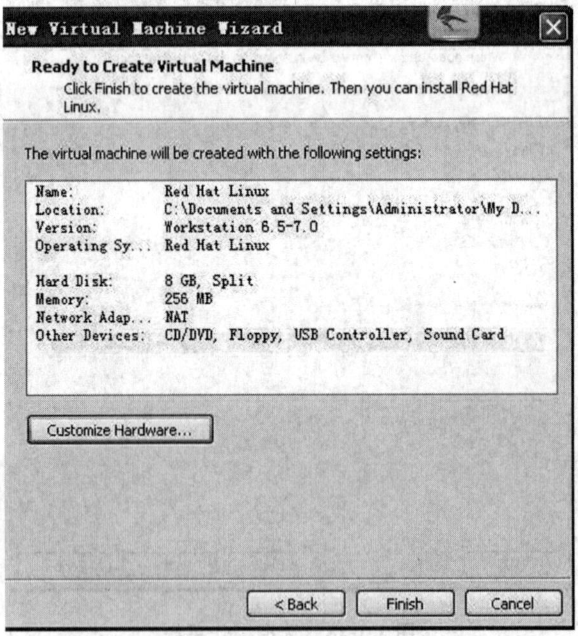

图 1-1-20　提示信息

(7)提示信息(图 1-1-21)。

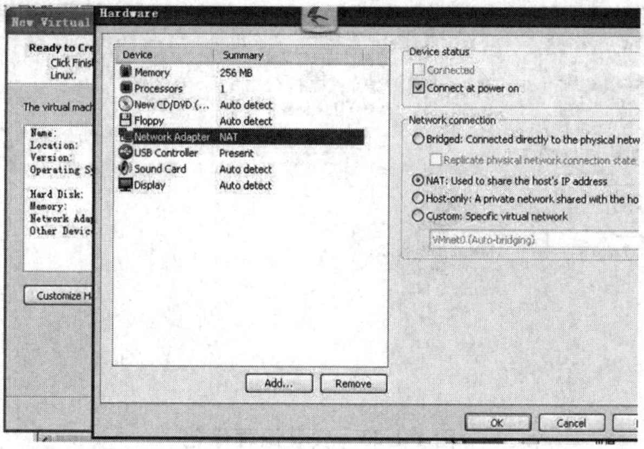

图 1-1-21　修改设置

(8)可以单击"Customize Hareware…"修改属性。比如，网络连接方式：①网桥。网桥允许你连接你的虚拟机到由你的主机使用的局域网(LAN)。②NAT。网络地址翻译(NAT)设备允许你连接你的虚拟机到一个外部网络，在该网络中你只拥有一个 IP 网络地址并且它已经被主机使用。③仅为主机适配器。仅为主机适配器是一个虚拟以太网适配器，它在你的主机操作系统中显示为 VMware Virtual Ethernet Adapter。它允许你在主机和该主机上的虚拟机之间进行通信。

(9)单击"Finish"完成设置。

子任务 3：安装虚拟机工具实现文件共享

【操作步骤】

(1)打开 VMware→工具栏→虚拟机→安装 VMware 工具，进入在虚拟机中安装好的 Linux 环境(使用超级用户)，如图 1-1-22 所示。

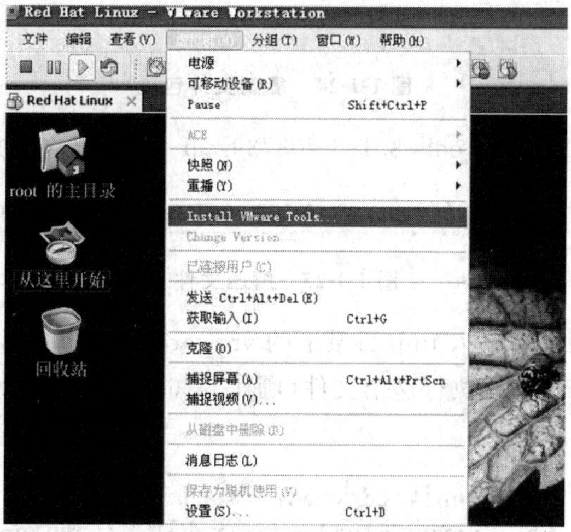

图 1-1-22　安装 VMware 工具

此时，光驱中已经出现了我们将要安装的软件，如图 1-1-23 所示。

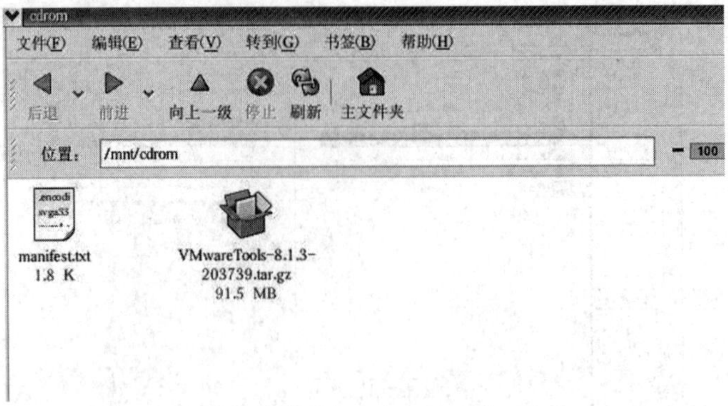

图 1-1-23　安装源程序包

使用命令：cd　/mnt/cdrom 进入到光驱的目录下，使用 ls 可以看到这两个文件。

(2)cp　VMwareTools-8. 1. 3-203739. tar. gz　/tmp，把这个文件复制到 tmp 下(其他文件也可)。

(3)cd　/tmp 进入临时目录，ls 查看刚才的文件是否在这个目录下。

可以直接安装 rpm 二进制包:rpm-ivh VMwareTools-8. 1. 3-203739. i368. rpm。

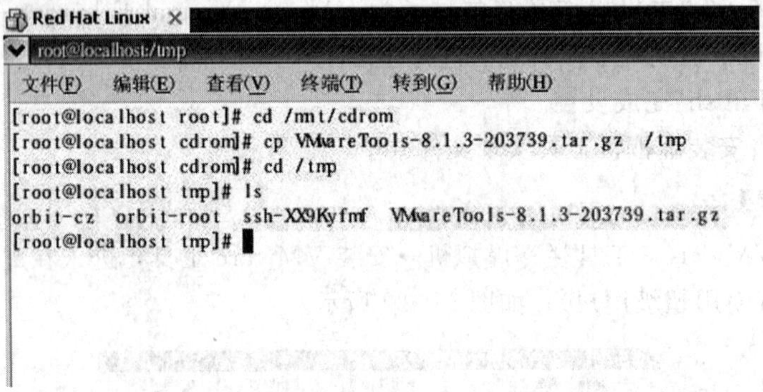

图 1-1-24　复制文件包

(4)tar　zxvf　VMwareTools-8. 1. 3-203739. tar. gz 解压这个文件(图 1-1-25)。

```
[root@localhost tmp]# tar zxvf VMwareTools-8.1.3-203739.tar.gz
```

图 1-1-25　解压文件

(5)使用第二步命令，进入 tmp 目录下的 vmware-tools-distrib 目录。

(6). /vmware-install. pl 执行这个文件(图 1-1-26)，出现提示就回车。安装结束后重启。

```
[root@localhost tmp]# cd vmware-tools-distrib/
[root@localhost vmware-tools-distrib]# ./vmware-install.pl
```

图 1-1-26　执行文件

(7)打开 VMware→工具栏→虚拟机→设置→共享文件夹，单击“添加”，按提示来添加一个 Windows 下的文件夹。在/mnt/hgfs 下就是你在 Windows 下共享的文件夹了。

5. 习题

(1)为什么需要使用虚拟机软件?

(2)VMware 指的是什么?

(3)如何安装 VMware 软件?

任务 2 Linux 系统的安装

1. 相关知识

(1)Linux 发展现状。

Linux 系统内核版本已发布到 2.6 版，它代表着当前操作系统技术的最前沿，并依然保持数周内一次的版本更新。更多的开发者进入到 Linux 系统开发的行列中，因此基于 Linux 系统的软件资源也十分丰富，而且这些资源同样能免费使用。绝大多数硬件产品具有针对 Linux 系统的支持，无论是将 Linux 系统作为桌面工作站还是服务器，都非常稳定易用。Linux 系统的安装、操作和升级也越来越简单，有一些企业和开源组织对 Linux 系统进行了深入的扩展，它们将 Linux 系统以及一些重要的应用程序打包，并提供较方便的安装界面。同时，还提供一些有偿的商业服务(如技术支持等)。

Linux 系统进入我国的时间较早，我国的工程师对 Linux 系统的发展也做出了巨大贡献。所以，Linux 系统在我国拥有一定的用户基础和大量中文资源。Linux 系统符合我国国情，不仅为信息化建设提供低廉成本的软件，而且其开放性也造就了众多中国人成为顶级软件工程师。

(2)免费软件与开源软件。

免费软件与开源软件概念并不相同，免费软件通常以二进制文件形式发布。用户虽然可以免费使用，但无权对软件进行任何修改。开源软件是将软件以源代码形式发布，并遵循 GPL 等开源协议，用户不仅能使用，而且还可对软件进行改进。

Linux 系统是开源软件，所以基于 Linux 系统开发必须遵循开源规则。这种开发方式最大的优势是，开发者能最大限度地利用现有代码，从而避免重复工作。举例来说，如果需要构建一个新的办公协作软件，在 Linux 系统上开发不用从最基本的联系人数据库开始编写，也不用从头开始编写一个即时通信协议。这些都可以从其他已有软件上继承，开发者只要注重软件新特性部分实现即可。

(3)Linux 内核与版本。

Linux 内核是该操作系统的核心程序文件，通过与其他程序文件组合，Linux 又构成了许多版本。每种 Linux 版本都有其特点，例如嵌入式 Linux 版本专门用于较小的电子设备操作，而计算机中常用的是 Linux 桌面版和 Linux 企业版。

(4)Linux 内核介绍。

内核是操作系统的心脏，系统其他部分必须依靠内核这部分软件提供的服务，例如管理硬件设备、分配系统资源等。内核由中断服务程序、调度程序、内存管理程序、网络和进程间通信等系统程序共同组成。Linux 内核是提供保护机制的最前端系统，它独立于普通应用程序，一般处于系统态，拥有受保护的内存空间和访问硬件设备的所有权限。这种系统态和被保护起来的内存空间，统称为内核空间。

内核负责管理计算机系统的硬件设备，为硬件设备提供驱动。对于操作系统上层的应用程序来说，内核是抽象的硬件，这些应用程序可通过对内核的系统调用访问硬件。这种方式简化了应用程序开发的难度，同时在一定程度上起到了保护硬件的作用。Linux 内核支持几乎所有的计算机系统结构，并将多种系统结构抽象为同样的逻辑结构。Linux 内核结构如图 1-2-1 所示。

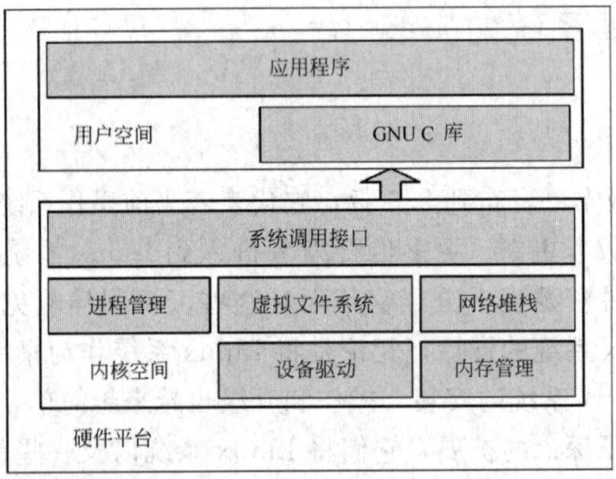

图 1-2-1　Linux 内核架构示意图

Linux 内核继承了 UNIX 内核的大多数特点，并保留相同的 API(应用程序接口)。Linux 内核的特点如下：

①Linux 支持动态加载内核模块。

②Linux 支持对称多处理(SMP)机制。

③Linux 内核可以抢占(preemptive)。

④Linux 内核并不区分线程和其他一般进程。

⑤Linux 提供具有设备类的面向对象的设备模型、热插拔事件，以及用户空间的设备文件系统。

⑥Linux 忽略了一些被认为是设计得很拙劣的 UNIX 特性和过时标准。

⑦Linux 体现了自由这个词的精髓，现有的 Linux 特性集就是 Linux 公开开发模型自由发展的结果。

(5)Linux 所支持的硬件平台。

Linux 系统支持当前所有主流硬件平台，能运行在各种架构的服务器，如 Intel 的 IA64、Compaq 的 Alpha、Sun 的 Sparc/Sparc64、SGI 的 Mips、IBM 的 S396；也能运行在几乎全部的工作站，如 Intel 的 x86、Apple 的 PowerPC。更吸引人的是，它支持嵌入式系统和移动设备，如 ARM Linux 内核短小精湛且功能全面，可根据特定硬件环境裁剪出具备适当功能的操作系统。另外，无论是 32 位指令集系统还是 64 位指令集系统，都能高效稳定运行。

(6)常用 Linux 版本。

Linux 系统拥有多个发行版，它可能是由一个组织、公司或者个人发行。通常一个发行版包括 Linux 内核、将整个软件安装到计算机的安装工具、适用特定用户群的一系列 GNU 软件。常用的 Linux 发行版本如下。

①Fedora 桌面版。

Fedora 项目是 Red Hat 赞助，由开源社区与 Red Hat 工程师合作开发的项目统称。它继承了 Red Hat 许多高端技术，如 YUM 软件包管理器、虚拟机等。以网络论坛为平台，Fedora 实现了开放的开发过程和透明的管理，并快速不断创新。所以，Fedora 是最好的开源操作系统。Fedora 适用于桌面工作站，并且为各种应用方向提供了丰富的应用程序。

②Ubuntu 桌面版。

Ubuntu 是一个相对较新的发行版，但它的出现可能改变了许多潜在用户对 Linux 的看法。也许，从前人们会认为 Linux 难以安装、难以使用，在 Ubuntu 出现后这些都成为了历史。Ubuntu 默认采用的 GNOME 桌面系统也将 Ubuntu 的界面装饰的简易而不失华丽，同时也发行 KDE 桌面的 Kubuntu 版本、Xfce 桌面的 Xubuntu 版本。Ubuntu 适合入门者了解 Linux 系统，它提供了多种安装模式，可在 Windows 分区上直接以虚拟机形式工作。

③Red Hat 服务器版。

全世界的 Linux 用户最熟悉的发行版想必就是 Red Hat 了。Red Hat 在 1995 年创建，并为用户提供有偿的技术支持与升级服务。该版本适用于各种企业的服务器应用，支持大型数据库和应用系统，功能强大且系统稳定。

④OpenSUSE。

OpenSUSE 近年来广受 Linux 开发者欢迎，是德国最著名的 Linux 发行版，由 Novell 公司负责其项目的维护。在软件包管理器和桌面环境上，OpenSUSE 独树一帜，研发出 YaST 软件包管理器等众多新产品。OpenSUSE 的每一个主要版本都提供 2 年的安全和稳定性更新。并且每隔 6 个月，Novell 就会发布一个新版本。该版本适用于各种软件开发工作站，集成了多种常用的软件开发工具。

⑤Debian。

Debian 最早由伊恩·莫窦克(Ian Murdock)于 1993 年创建。可以算是迄今为止最遵循 GNU 规范的 Linux 系统。Debian 在全球有超过 1000 人的开发团队，为 Debian 开发了超过 20000 个软件包，这 20000 个软件包覆盖了 11 个不同处理器。世界上有超过 120 份 Linux 发行版以 Debian 为基础，包括现在火热的 Ubuntu。该版本适用于研究 Linux 系统，可快速得到各种系统分析与测试工具。

2. 实训目标

(1)掌握 Linux 操作系统的安装。

(2)能定制 Linux 操作系统软件包。

(3)能进行分区设置。

3. 实训内容

(1)虚拟机上安装 Linux 系统。

(2)系统分区。

4. 实训步骤及结果

子任务 1：安装 Linux

【操作步骤】

(1)选择 ISO 镜像方式安装，并从路径中选择 Linux 镜像盘的第一张盘(图 1-2-2)。

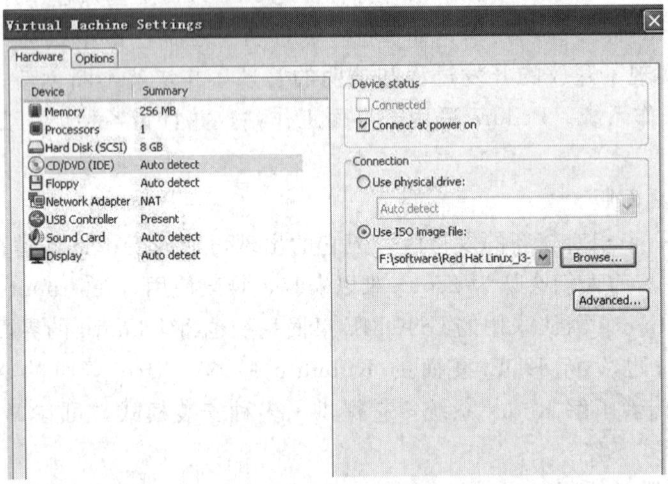

图 1-2-2　选择光盘

(2)这是一个提示符状态，可以通过输入不同的命令来选择不同的安装模式。为了避免不必要的麻烦，我们直接按回车键，用缺省模式安装(图 1-2-3)。

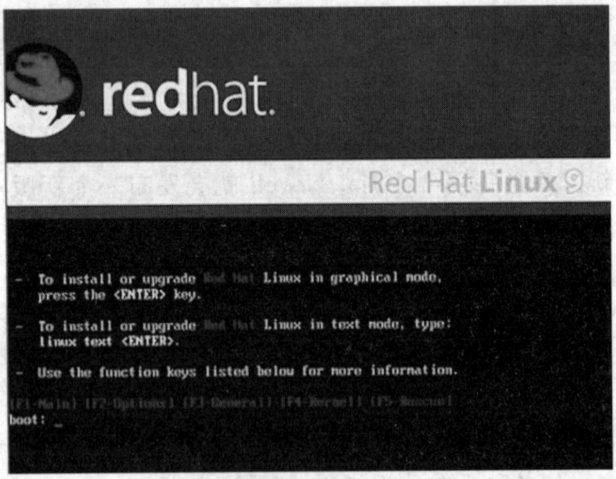

图 1-2-3　安装选项图

(3)然后会询问用户是否对光盘完整性进行检查，一般来说选择“Skip”就可以(图 1-2-4)。

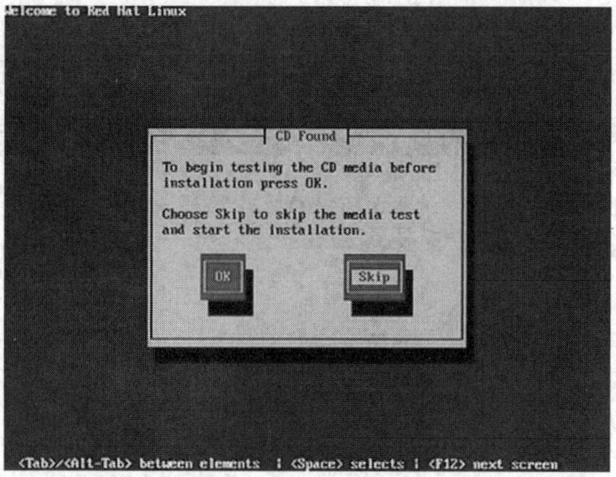

图 1-2-4　完整性检查

(4)接下来就进入了 Red HatLinux 的图形安装界面，Red HatLinux 的安装向导的智能化程度也很高，通过使用鼠标就可以完成安装(图 1-2-5)。

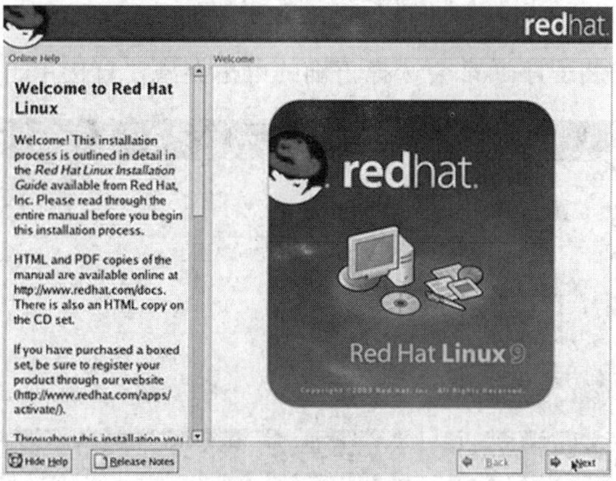

图 1-2-5　欢迎界面

(5)选择在整个安装过程中使用的语言，这里我们选择“Chinese(Simplified)(简体中文)”(图 1-2-6)。

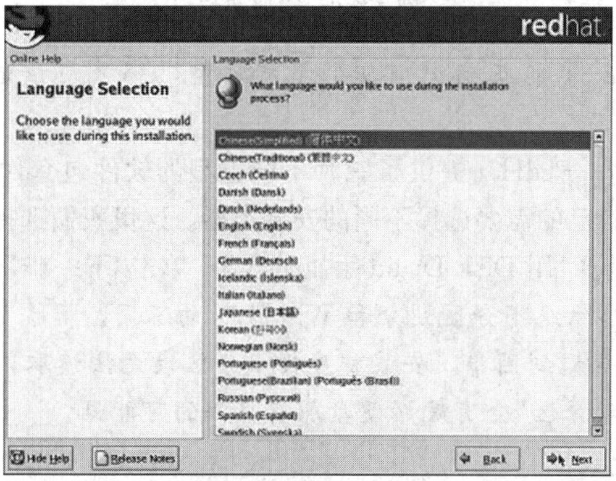

图 1-2-6　选择语言类型

(6)键盘配置选择“U. SEnglish”(图 1-2-7)。

注意：除非使用特殊键盘类型，否则不需要对键盘进行特殊配置。

图 1-2-7　选择键盘

(7)鼠标配置，安装程序通常会选择正确的鼠标类型，直接单击“下一步”(图 1-2-8)。

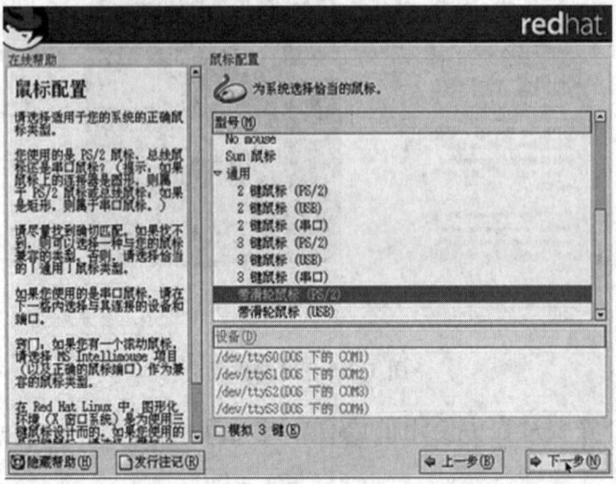

图 1-2-8　配置鼠标

注意：如果 Linux 不能正确识别您的鼠标类型，那么应该选择一个类似或兼容类型。

(8)选择安装类型。RedHat 提供了三种不同类型的软件包套件：个人桌面、工作站和服务器。可以根据自己的需要选择不同的安装类型。这里我们选择“定制”(图 1-2-9)。

(9)硬盘分区。选择“用 Disk Druid 手工分区”，单击“下一步”(图 1-2-10)。

注意：Linux 操作系统下分区划分和 Windows 的不同。习惯了 Windows 工作模式的朋友在这一步可能会遇到困难。安装程序提示分区表无法读取，需要创建分区(图 1-2-11)。这里选择“自动分区”会有破坏硬盘原有数据的可能性。

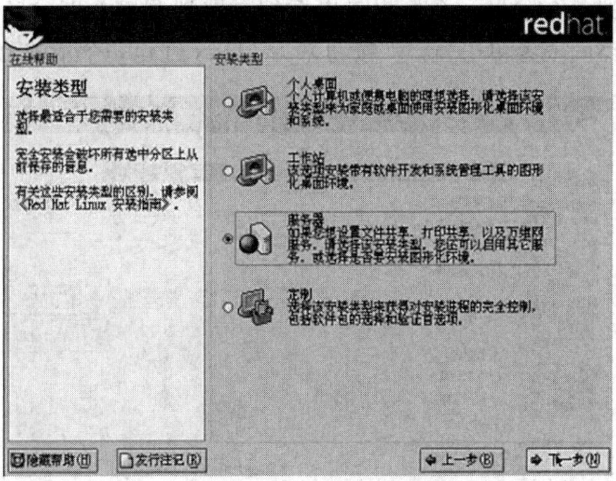

图 1-2-9　安装类型设置

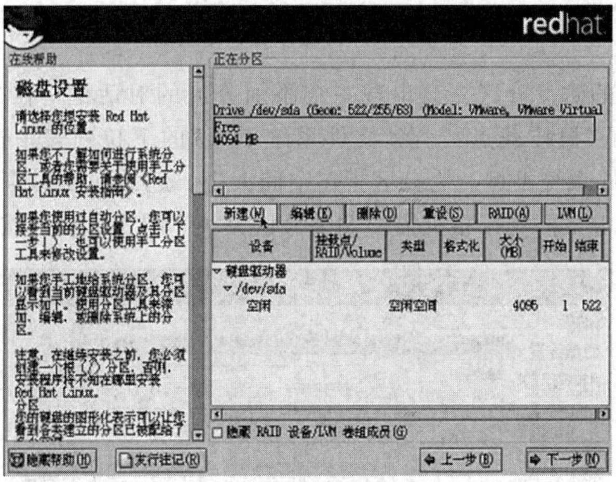

图 1-2-10　选择分区结构

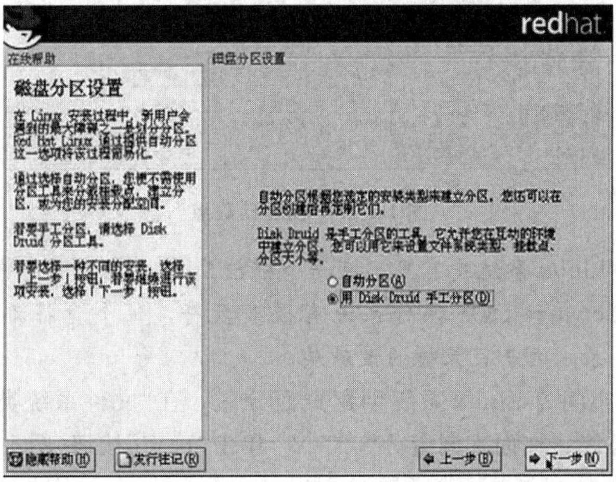

图 1-2-11　提示创建分区

(10)开始对硬盘进行分区，在这里可以看到目前现有磁盘的分区情况。我们可以通过双击空闲的磁盘空间或者单击“新建”按钮来为 Linux 创建一个新的分区(图 1-2-12)。

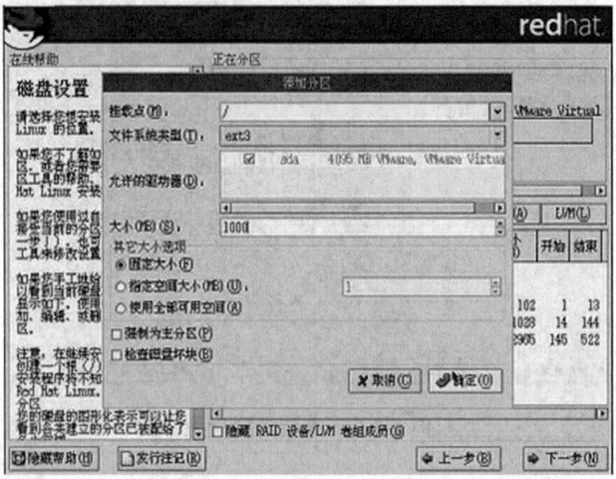

图 1-2-12　创建分区和挂载点

(11)双击空闲的磁盘分区，会出现一个添加分区的对话框，在“挂载点”的下拉列表中选择/，也就是“根挂载点”。在“文件系统类型”的下拉列表中选择 ext3，这个是 Linux 所使用的文件系统类型。为分区指定空间大小，起始柱面不需要更改，单击终止柱面输入框后面的上下箭头来根据需要调整分区大小。单击“确定”按钮。

图 1-2-13　创建挂载点

注意：在整个 Linux 系统中有且只有一个根挂载点，这个将是整个系统的根目录。Linux 并不像 Windows 和 DOS 操作系统有很多盘符，每个盘符都有一个“根目录”。Linux 系统下的/目录永远是目录树的最底层。

(12)双击空闲空间为 Linux 系统创建页面分区，在“文件系统类型”下拉列表中选择 swap，通过调整终止柱面来制定分区大小。单击“确定”按钮(图 1-2-14)。

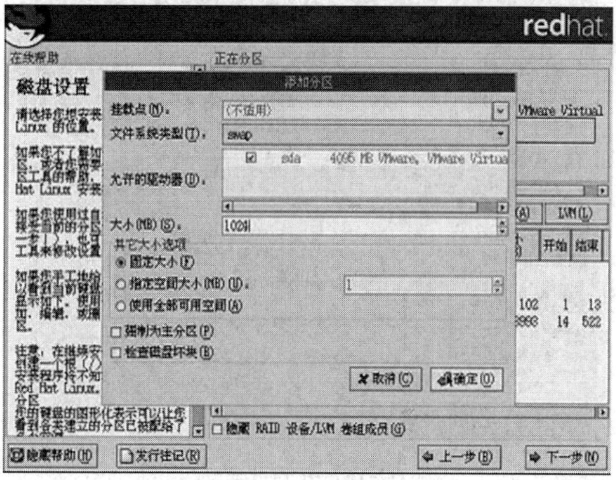

图 1-2-14　设置交换分区

注意：swap 空间的大小一般为物理内存的 2～3 倍。如果不知道物理内存的具体数值，可以单击终止柱面数据框后面的上下箭头来把“大小(MB)”后面的数值调整为(512±4)，一般来说都可以满足需要。

(13)默认情况下 Linux 系统下的应用程序的是存放在/usr 目录的，如果空间充足可以为/usr 目录单独指定挂载点。在“挂载点”后的下拉列表中选择/usr，其他案例设置方法同“第 10 步”，所有分区设置完成(图 1-2-15)。

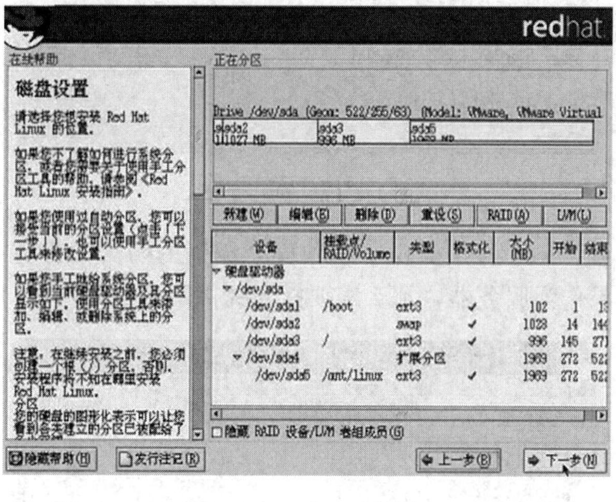

图 1-2-15　分区完成图

(14)引导装载程序设置，现在多系统共存已经是司空见惯了的事情了。RedHat 中的 GRUB 工具提供了多系统启动的解决方案。直接单击“下一步”就可以了(图 1-2-16)。

(15)网络配置，这个根据自己的网络情况进行相应配置。如果对网络不是很了解。可以直接单击“下一步”跳过(图 1-2-17)。

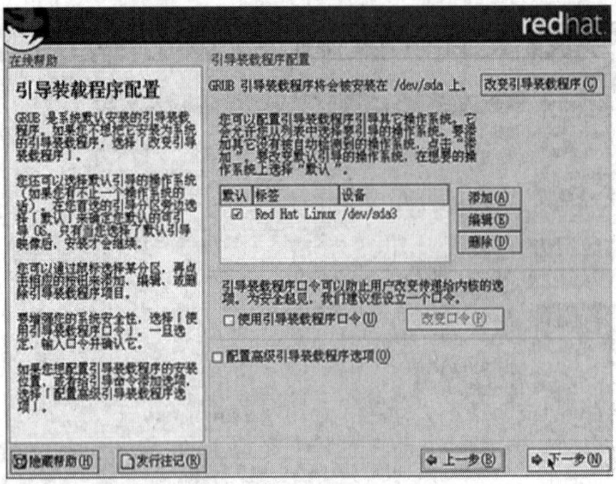

图 1-2-16　安装引导程序

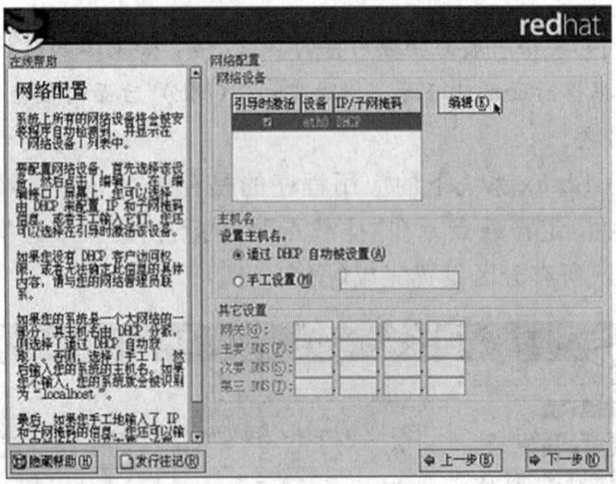

图 1-2-17　网络配置

(16)防火墙配置，Red Hat 提供了三种安全级别的防火墙配置，可以根据自己的需要进行选择。如果作为服务器，那么需要打开提供服务使用的端口(图 1-2-18)。

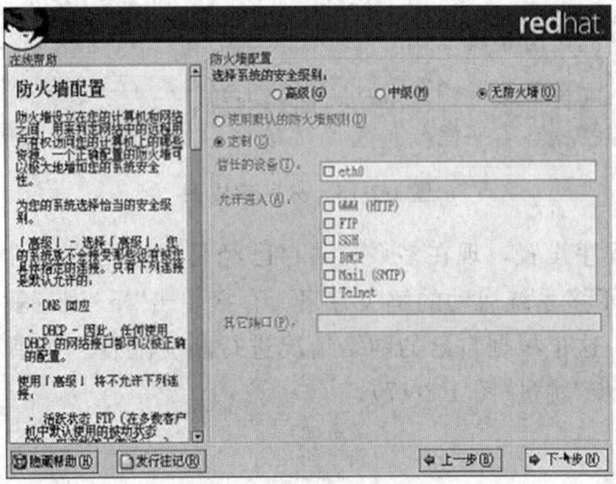

图 1-2-18　防火墙设置

(17)附加语言支持，选择可能会用到的语言，以提供相关语言的显示、输入(图 1-2-19)。

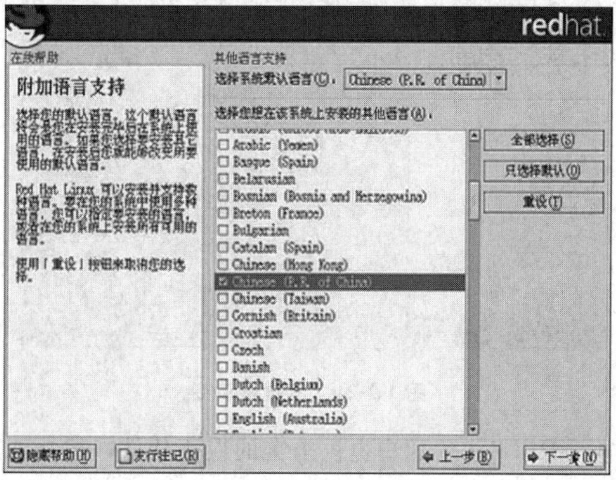

图 1-2-19　语言设置

(18)设置时区(图 1-2-20)。

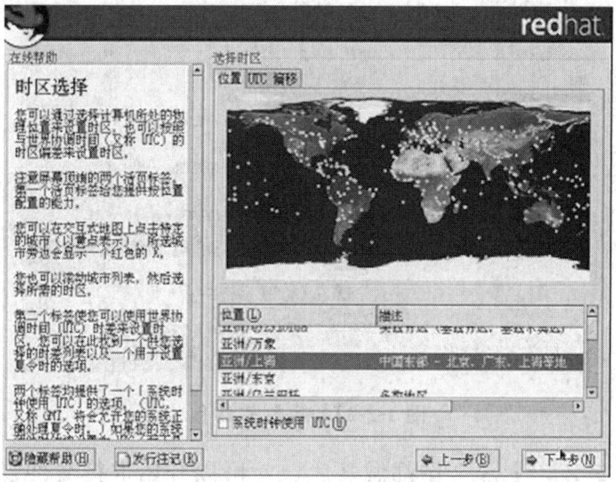

图 1-2-20　设置时区

(19)设置根口令，Linux 系统下有一个根用户，在系统中拥有至高无上的权力，用户名是 root。一般来说只有在对系统进行管理时才使用此用户。建议密码满足一定复杂性要求(图 1-2-21)。

注意： root 是管理员用户，和 Windows 的 Administrator 用户是有区别的。Windows 下的管理员用户的权限仅限于系统的内部，也就是说并不具有最高权力。而 Linux 系统下的管理员用户的权力是凌驾于系统之上的。root 用户的可以干预系统的运行，所以请谨慎使用。

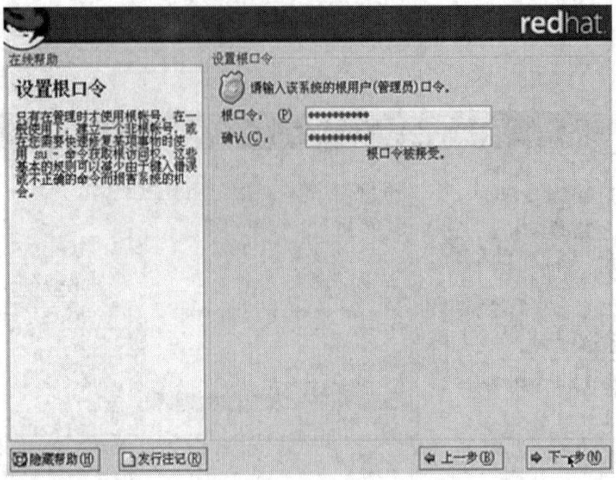

图 1-2-21　设置根口令

(20)选择软件包，RedHat 为用户提供丰富的应用软件，按功能进行了分类。如果你还是 Linux 的新手，那么可以选择“全部”(图 1-2-22)。

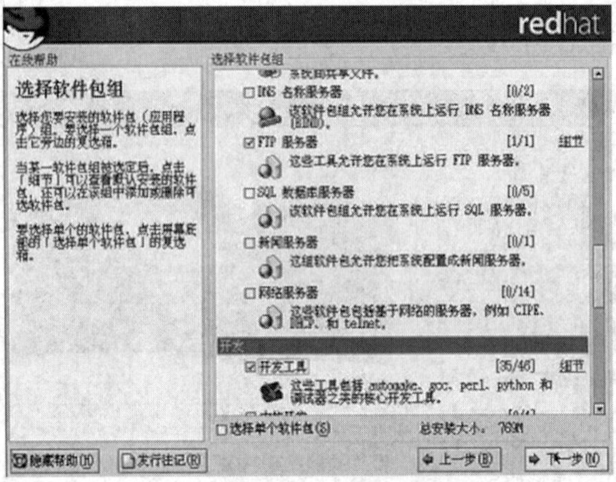

图 1-2-22　定制软件包

(21)准备开始安装，全部工作都做好后，就可以开始进行文件复制了(图 1-2-23)。

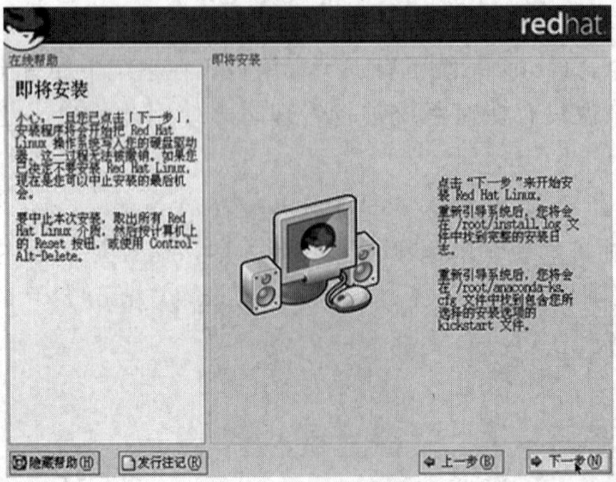

图 1-2-23　安装开始

(22)安装过程中会提示更换光盘(图 1-2-24 和图 1-2-27)。

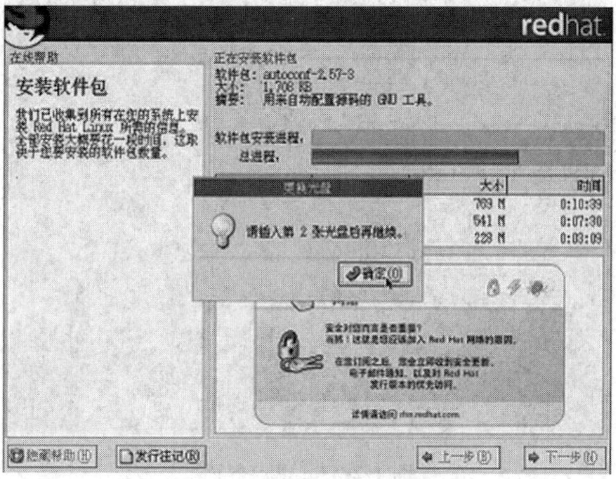

图 1-2-24　提示更换光盘

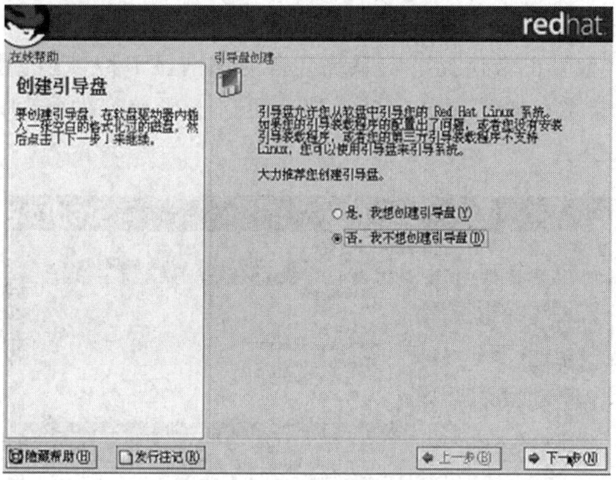

图 1-2-25　创建引导盘

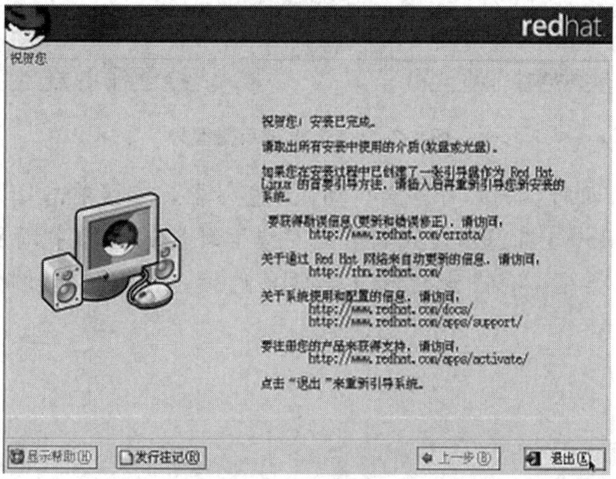

图 1-2-26　安装完成

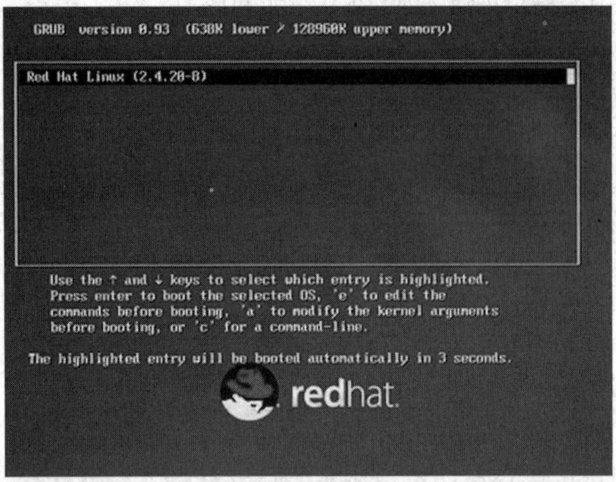

图 1-2-27　重启界面

子任务 2：配置 Linux

【操作步骤】

(1)配置显卡，型号正常情况下，系统会自动识别显卡型号，直接单击“下一步”就可以。如果你的显卡并不被 Linux 支持，那么可以选择兼容的类型。稍候安装新的显卡驱动程序(图 1-2-28)。

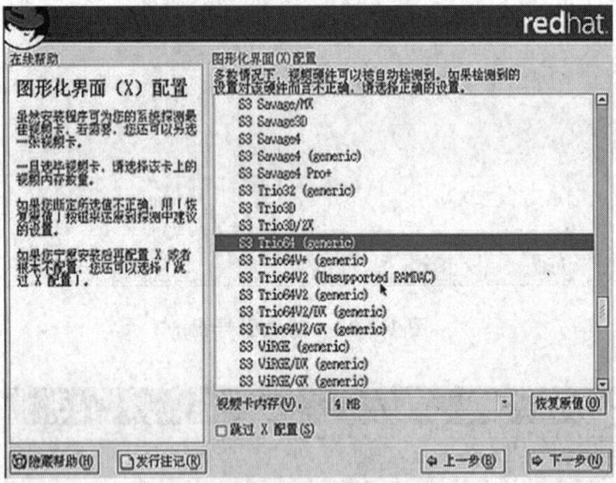

图 1-2-28　选择显示器型号

(2)指定显示器型号，安装程序会自动识别显示器，直接单击“下一步”(图 1-2-29)。

(3)配置 Xwindow，在这里，我们可以对桌面环境的分辨率以及色彩深度进行配置。同时配置登录类型，有图形化和文本两种选择，我们选择比较灵活的文本模式(图 1-2-30)。

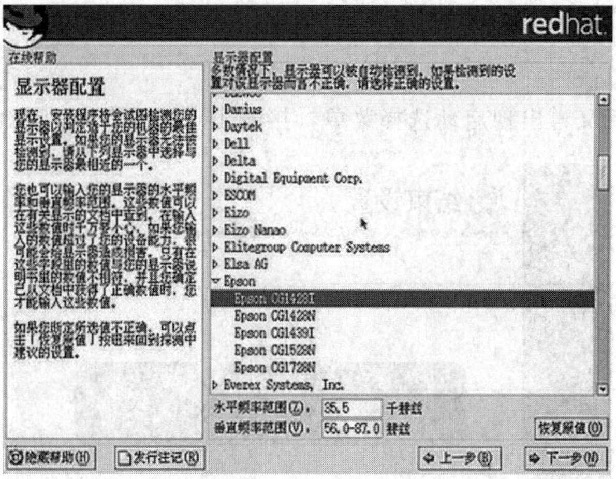

图 1-2-29　显示器类型

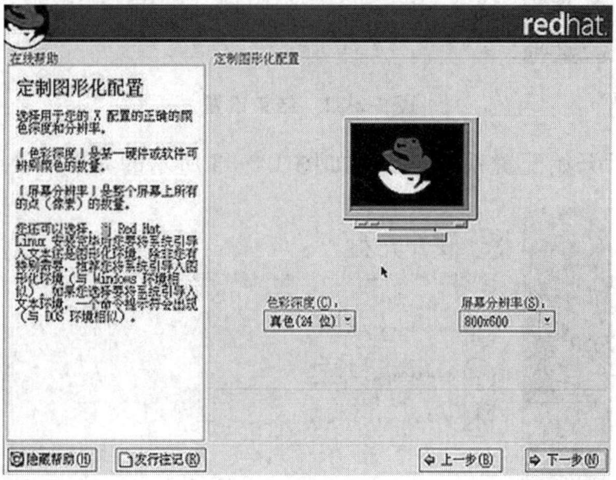

图 1-2-30　分辨率

(4)完成 Linux 的安装，单击“退出”按钮，Linux 就可以启动工作了(图 1-2-31)。

图 1-2-31　安装完成

子任务 3：添加普通用户

【操作步骤】

(1)重新启动后又再出现启动选择菜单，接着出现图 1-2-32 所示的操作界面。

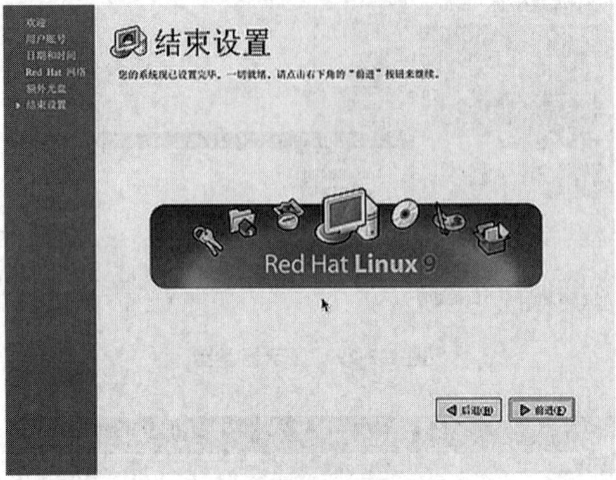

图 1-2-32　结束设置

(2)单击“前进”开始配置系统，出现如图 1-2-33 所示的界面。

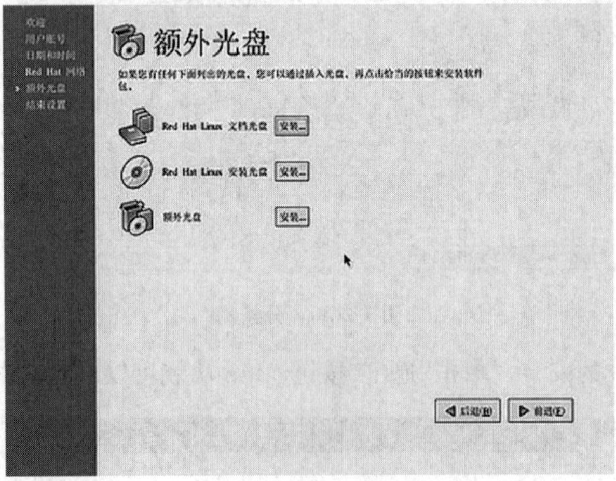

图 1-2-33　配置系统

(3)创建一个普通账号，用于平时登录系统用，账号名用 abc，输入密码后，单击“前进”(图 1-2-34)。

(4)正确设置时间和日期后，单击“前进”(图 1-2-35)。

(5)注册提示，有两项选择，第一项：“是，我想在 Red Hat 网络注册我的系统”；第二项：“否，我不想注册我的系统”。此处选第二项，单击“前进”(图 1-2-36)。

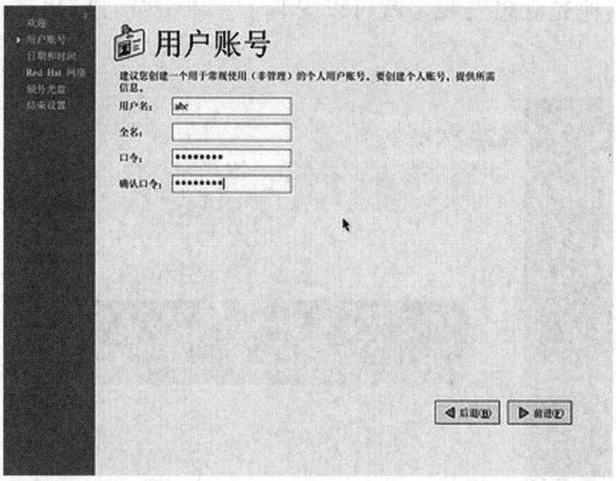

图 1-2-34　设置普通用户账号

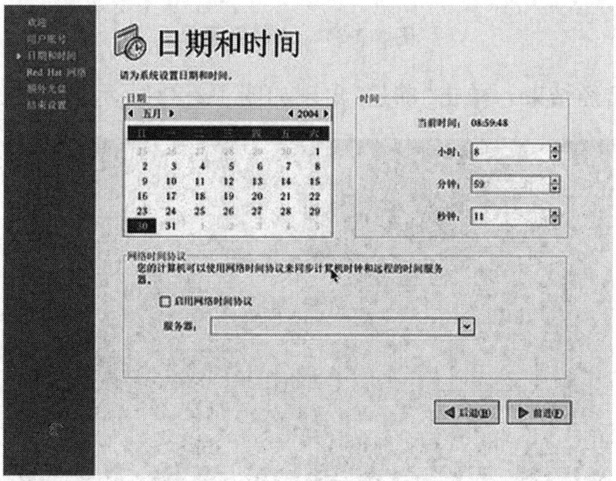

图 1-2-35　设置日期和时间

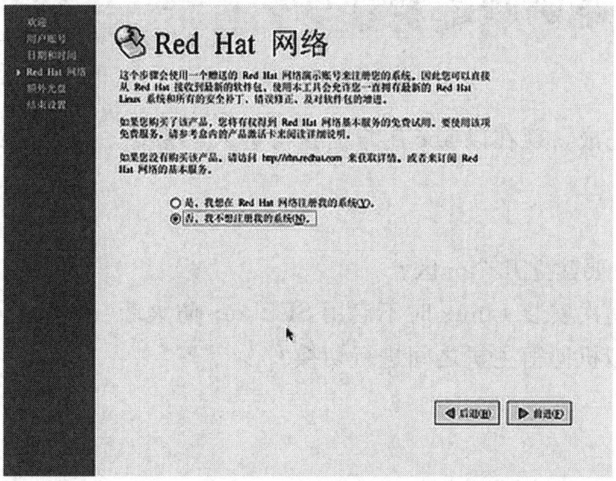

图 1-2-36　是否注册

(6)如果你有其他光盘想安装，就可以安装了。单击“前进”出现如图 1-2-37 所示的界面。

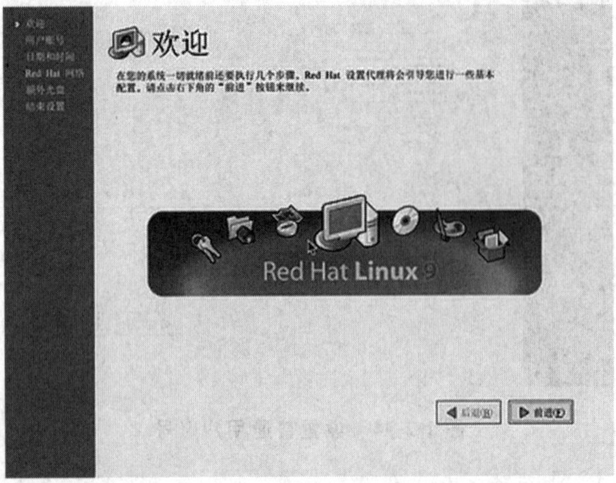

图 1-2-37　欢迎界面

(7)全部设置已经结束，单击“前进”出现如图 1-2-38 所示的界面。

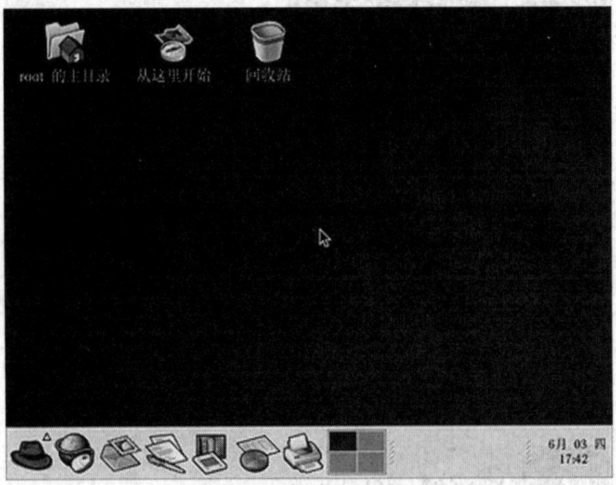

图 1-2-38　进行系统

(8)安装全部完成，现在以 abc 用户的身份进入了系统。以后进入系统都是图形界面了。

5. 习题

(1)Linux 至少要建立几个分区？

(2)为什么在初次安装 Linux 时不启用 SELinux 防火墙？

(3)如何在虚拟机何宿主机之间进行切换？

项目二 Linux 的基础

知识目标

1. Linux 下常用的命令。
2. vi 的基本操作。
3. Linux 桌面设置。
4. 用户和组群设置。

任务 1 Linux 基本命令操作

1. 相关知识

Linux 下常用的命令有很多，下面简单介绍几个常用的命令。

(1)cd 命令。

cd 命令是一个非常基本，也是大家经常需要使用的命令，它用于切换当前目录，它的参数是要切换到的目录的路径，可以是绝对路径，也可以是相对路径。例如：

- cd/root/Docements：切换到目录/root/Docements。
- cd. /path：切换到当前目录下的 path 目录中，“. ”表示当前目录。
- cd. . /path：切换到上层目录中的 path 目录中，“. . ”表示上一层目录。

(2)ls 命令。

ls 命令是一个非常有用的查看文件与目录的命令，list 之意，它的参数非常多，常用的参数有：

- l：列出长数据串，包含文件的属性与权限数据等。
- a：列出全部的文件，连同隐藏文件(开头为 . 的文件)一起列出来(常用)。
- d：仅列出目录本身，而不是列出目录的文件数据。
- h：将文件容量以较易读的方式(GB、KB 等)列出来。
- R：连同子目录的内容一起列出(递归列出)，等于该目录下的所有文件都会显示出来。

注意：这些参数也可以组合使用，例如：

- ls -l：以长数据串的形式列出当前目录下的数据文件和目录。
- ls -lR：以长数据串的形式列出当前目录下的所有文件。

(3)grep 命令。

grep 命令常用于分析一行的信息，若当中有我们所需要的信息，就将该行显示出来，该命令通常与管道命令一起使用，用于对一些命令的输出进行筛选加工等，它的简单语法为：

```
grep [-acinv][--color=auto]'查找字符串' filename
```

它的常用参数如下：

- -a ：将 binary 文件以 text 文件的方式查找数据。
- -c ：计算找到“查找字符串”的次数。
- -i ：忽略大小写的区别，即把大小写视为相同。
- -v ：反向选择，即显示出没有“查找字符串”内容的那一行。

例如：

- 取出文件/etc/man. config 中包含 MANPATH 的行，并把找到的关键字加上颜色：grep --color=auto 'MANPATH'/etc/man. config。
- 把 ls-l 的输出中包含字母 file(不区分大小写)的内容输出：ls -l |grep -i file。

(4)find 命令。

find 命令是一个基于查找的功能非常强大的命令，相对而言，它的使用也相对较为复杂，参数也比较多，所以在这里将它们分类列出，它的基本语法如下：

```
find[PATH][option][action]
```

①与时间有关的参数。

- -mtime n：n 为数字，意思为在 n 天之前的“一天内”被更改过的文件。
- -mtime +n：列出在 n 天之前(不含 n 天本身)被更改过的文件名。
- -mtime -n：列出在 n 天之内(含 n 天本身)被更改过的文件名。
- -newer file：列出比 file 还要新的文件名。

例如：

- find/root-mtime 0：在当前目录下查找今天之内有改动的文件。

②与用户或用户组名有关的参数。

- -user name：列出文件所有者为 name 的文件。
- -group name：列出文件所属用户组为 name 的文件。
- -uid n：列出文件所有者为用户 ID 为 n 的文件。
- -gid n：列出文件所属用户组为用户组 ID 为 n 的文件。

例如：

- find/home/ljianhui-user ljianhui：在目录/home/ljianhui 中找出所有者为 ljianhui 的文件。

③与文件权限及名称有关的参数。

- -name filename：找出文件名为 filename 的文件。
- -size [+-]SIZE：找出比 SIZE 还要大(+)或小(-)的文件。
- -tpye TYPE：查找文件的类型为 TYPE 的文件，TYPE 的值主要有：一般文件(f)、设备文件(b、c)、目录(d)、连接文件(l)、socket(s)、FIFO 管道文件(p)；
- -perm mode：查找文件权限刚好等于 mode 的文件，mode 用数字表示。
- -perm -mode：查找文件权限必须要全部包括 mode 权限的文件，mode 用数字表示。
- -perm +mode：查找文件权限包含任一 mode 的权限的文件，mode 用数字表示。

例如：

- find/-name passwd：查找文件名为 passwd 的文件。

- find . -perm 0755：查找当前目录中文件权限的 0755 的文件。
- find . -size+12k：查找当前目录中大于 12KB 的文件。

(5)cp 命令。

cp 命令用于复制文件，copy 之意，它还可以把多个文件一次性地复制到一个目录下，它的常用参数如下：

- -a：将文件的特性一起复制。
- -p：连同文件的属性一起复制，而非使用默认方式，与-a 相似，常用于备份。
- -i：当目标文件已经存在时，在覆盖时会先询问操作的进行。
- -r：递归持续复制，用于目录的复制行为。
- -u：目标文件与源文件有差异时才会复制。

例如：

- cp -a file1 file2：连同文件的所有特性把文件 file1 复制成文件 file2。
- cp file1 file2 file3 dir：把文件 file1、file2、file3 复制到目录 dir 中。

(6)mv 命令。

mv 命令用于移动文件、目录或更名，move 之意，它的常用参数如下：

- -f：force 强制的意思，如果目标文件已经存在，不会询问而直接覆盖。
- -i：若目标文件已经存在，就会询问是否覆盖。
- -u：若目标文件已经存在，且比目标文件新，才会更新。

注意：mv 命令可以把一个文件或多个文件一次移动一个文件夹中，但是最后一个目标文件一定要是"目录"。

例如：

mv file1 file2 file3 dir：把文件 file1、file2、file3 移动到目录 dir 中。

mv file1 file2：把文件 file1 重命名为 file2。

(7)rm 命令。

rm 命令用于删除文件或目录，remove 之意，它的常用参数如下：

- -f：就是 force 的意思，忽略不存在的文件，不会出现警告消息。
- -i：互动模式，在删除前会询问用户是否操作。
- -r：递归删除，最常用于目录删除，它是一个非常危险的参数。

例如：

- rm-i file：删除文件 file，在删除之前会询问是否进行该操作。
- rm-fr dir：强制删除目录 dir 中的所有文件。

(8)ps 命令。

ps 命令用于将某个时间点的进程运行情况选取下来并输出，process 之意，它的常用参数如下：

- -A：所有的进程均显示出来。
- -a：不与 terminal 有关的所有进程。
- -u：有效用户的相关进程。
- -x：一般与 a 参数一起使用，可列出较完整的信息。
- -l：较长，较详细地将 PID 的信息列出。

其实我们只要记住 ps 一般使用的命令参数搭配即可，如下：

- ps aux：查看系统所有的进程数据。
- ps ax：查看不与 terminal 有关的所有进程。
- ps-lA：查看系统所有的进程数据。
- ps axjf：查看连同一部分进程树状态。

(9)kill 命令。

kill 命令用于向某个工作(%jobnumber)或者是某个 PID(数字)传送一个信号，它通常与 ps 和 jobs 命令一起使用，它的基本语法如下：

```
kill-signal PID
```

signal 的常用参数如下：

- 1：SIGHUP，启动被终止的进程。
- 2：SIGINT，相当于输入 Ctrl+C，中断一个程序的进行。
- 9：SIGKILL，强制中断一个进程的进行。
- 15：SIGTERM，以正常的结束进程方式来终止进程。
- 17：SIGSTOP，相当于输入 Ctrl+Z，暂停一个进程的进行。

注意：最前面的数字为信号的代号，使用时可以用代号代替相应的信号。

例如：

- 以正常的结束进程方式来终于第一个后台工作，可用 jobs 命令查看后台中的第一个工作进程：kill-SIGTERM %1。
- 重新改动进程 ID 为 PID 的进程，PID 可用 ps 命令通过管道命令加上 grep 命令进行筛选获得：kill-SIGHUP PID。

(10)killall 命令。

killall 命令用于向一个命令启动的进程发送一个信号，它的一般语法如下：

```
killall [-iIe][command name]
```

它的常用参数如下：

- -i：交互式的意思，若需要删除时，会询问用户。
- -e：表示后面接的 command name 要一致，但 command name 不能超过 15 个字符。
- -I：命令名称忽略大小写。

例如：

- killall-SIGHUP syslogd：重新启动 syslogd。

(11)file 命令。

file 命令用于判断接在 file 命令后的文件的基本数据，因为在 Linux 下文件的类型并不是以后缀来分的，所以这个命令对我们来说就很有用了，它的基本语法如下：

```
file filename
```

例如：

- file ./test。

(12)tar 命令。

tar 命令用于对文件进行打包，默认情况并不会压缩，如果指定了相应的参数，它还会调用相应的压缩程序(如 gzip 和 bzip 等)进行压缩和解压。它的常用参数如下：

- -c：新建打包文件。
- -t：查看打包文件的内容含有哪些文件名。
- -x：解打包或解压缩的功能，可以搭配-C(大写)指定解压的目录。

注意：-c、-t、-x 不能同时出现在同一条命令中。

- -j：通过 bzip2 的支持进行压缩/解压缩。
- -z：通过 gzip 的支持进行压缩/解压缩。
- -v：在压缩/解压缩过程中，将正在处理的文件名显示出来。
- -f filename：filename 为要处理的文件。
- -C dir：指定压缩/解压缩的目录 dir。

tar 命令涉及的参数较多，但是通常只需要记住下面三条命令即可：

- 压缩：tar-jcv-f filename. tar. bz2(要被处理的文件或目录名称)。
- 查询：tar-jtv-f filename. tar. bz2。
- 解压：tar-jxv-f filename. tar. bz2-C(欲解压缩的目录)。

注意：文件名并不定要以后缀 tar. bz2 结尾，这里主要是为了说明使用的压缩程序为 bzip2。

(13)cat 命令。

cat 命令用于查看文本文件的内容，后接要查看的文件名，通常可用管道与 more 和 less 一起使用，从而可以一页页地查看数据。例如：

- cat text | less：查看 text 文件中的内容。

注意：这条命令也可以使用 less text 来代替。

(14)chgrp 命令。

chgrp 命令用于改变文件所属用户组，它的基本用法如下：

```
chgrp [-R]dirname/filename
```

- -R：进行递归的持续对所有文件和子目录更改。

例如：

- chgrp users-R. /dir：递归地把 dir 目录下中的所有文件和子目录下所有文件的用户组修改为 users。

(15)chown 命令。

chown 命令用于改变文件的所有者，与 chgrp 命令的使用方法相同，只是修改的文件属性不同，不再详述。

(16)chmod 命令。

chmod 命令用于改变文件的权限，一般的用法如下：

```
chmod [-R]xyz 文件或目录
```

- -R：进行递归的持续更改，即连同子目录下的所有文件都会更改。

同时，chmod 还可以使用 u(user)、g(group)、o(other)、a(all)和+(加入)、-(删除)、=(设置)跟 rwx 搭配来对文件的权限进行更改。

例如：

- chmod 0755 file：把 file 的文件权限改变为-rxwr-xr-x。
- chmod g+w file：向 file 的文件权限中加入用户组可写权限。

(17)vim 命令。

该命令主要用于文本编辑，它接一个或多个文件名作为参数，如果文件存在就打开，如果文件不存在就以该文件名创建一个文件。vim 是一个非常好用的文本编辑器，它里面有很多非常好用的命令。

(18)gcc 命令。

对于一个用 Linux 开发 C 程序的人来说，gcc 命令就非常重要了，它用于把 C 语言的源程序文件，编译成可执行程序，由于 g＋＋的很多参数跟它非常相似，所以这里只介绍 gcc 的参数，它的常用参数如下：

- -o：output 之意，用于指定生成一个可执行文件的文件名。
- -c：用于把源文件生成目标文件(.o)，并阻止编译器创建一个完整的程序。
- -I：增加编译时搜索头文件的路径。
- -L：增加编译时搜索静态连接库的路径。
- -S：把源文件生成汇编代码文件。
- -lm：表示标准库的目录中名为 libm.a 的函数库。
- -lpthread：连接 NPTL 实现的线程库。
- -std＝：用于指定把使用的 C 语言的版本。

例如：

- 把源文件 test.c 按照 c99 标准编译成可执行程序 test：gcc -o test test.c-lm-std＝c99。
- 把源文件 test. c 转换为相应的汇编程序源文件 test. s：gcc -S test.c。

(19)time 命令。

time 命令用于测算一个命令(即程序)的执行时间。它的使用非常简单，就像平时输入命令一样，不过在命令的前面加入一个 time 即可，例如：

```
time ./process
time ps aux
```

在程序或命令运行结束后，在最后输出了三个时间，它们分别是：

user：用户 CPU 时间，命令执行完成花费的用户 CPU 时间，即命令在用户态中执行时间总和；

system：系统 CPU 时间，命令执行完成花费的系统 CPU 时间，即命令在核心态中执行时间总和；

real：实际时间，从 command 命令行开始执行到运行终止的消逝时间。

注意：用户 CPU 时间和系统 CPU 时间之和为 CPU 时间，即命令占用 CPU 执行的时间总和。实际时间要大于 CPU 时间，因为 Linux 是多任务操作系统，往往在执行一条命令时，系统还要处理其他任务。另一个需要注意的问题是即使每次执行相同命令，但所花费的时间也是不一样，其花费时间是与系统运行相关的。

5. 习题

(1)ls 命令的格式有哪几种？分别举例说明。

(2)Linux 下常见的目录管理的命令有哪些？

(3)如何切换用户和根目录？

任务 2 vi 的基本操作

1. 相关知识

vi 编辑器是所有 Unix 及 Linux 系统下标准的编辑器，它的强大不逊色于任何最新的文本编辑器，由于对 Unix 及 Linux 系统的任何版本，vi 编辑器是完全相同的，因此可以在其他任何介绍 vi 的地方进一步了解它。vi 也是 Linux 中最基本的文本编辑器。

(1)vi 的基本概念。

vi 一般可以分为三种状态，分别是命令模式(command mode)、插入模式(insert mode)和底行模式(last line mode)，各模式的功能区分如下。

①命令行模式(command mode)：控制屏幕光标的移动，字符、字或行的删除，移动复制某区段及进入 insert mode 下，或者到 last line mode。

②插入模式(Insert mode)：只有在 insert mode 下，才可以做文字输入，按 Esc 键可回到命令行模式。

③底行模式(last line mode)：将文件保存或退出 vi，也可以设置编辑环境，如寻找字符串、列出行号等。

但是，一般在使用时把 vi 简化成两个模式，即将底行模式(last line mode)也算入命令行模式(command mode)。

(2)vi 的基本操作。

①进入 vi：在系统提示符号输入 vi 及文件名称后，就进入 vi 全屏幕编辑画面：

```
$ vi myfile
```

注意： 进入 vi 之后，是处于命令行模式(command mode)，要切换到插入模式(insert mode)才能够输入文字。

②切换至插入模式(insert mode)编辑文件：在命令行模式(command mode)下按一下字母 i 就可以进入插入模式(insert mode)，这时候你就可以开始输入文字了。

③insert 的切换：目前处于插入模式(insert mode)，你就只能一直输入文字，如果你发现输错了字，想用光标键往回移动，将该字删除，就要先按一下 Esc 键转到命令行模式(command mode)再删除文字。

④退出 vi 及保存文件：在命令行模式(command mode)下，按一下冒号键进入 last line mode，例如：

- w filename：输入 w filename 将文章以指定的文件名 filename 保存。
- wq：输入 wq，存盘并退出 vi。
- q!：输入 q!，不存盘强制退出 vi。

(3)命令行模式(command mode)功能键。

①插入模式。

- 按 i 进入插入模式，是从光标当前位置开始输入文件；
- 按 a 进入插入模式后，是从目前光标所在位置的下一个位置开始输入文字；
- 按 o 进入插入模式后，是插入新的一行，从行首开始输入文字。

②从插入模式切换为命令行模式。

• 按 Esc 键。

③移动光标：vi 可以直接用键盘上的光标来上下左右移动，但正规的 vi 是用小写英文字母 h、j、k、l，分别控制光标左、下、上、右移一格。

• 按 Ctrl+b：屏幕往"后"移动一页。
• 按 Ctrl+f：屏幕往"前"移动一页。
• 按 Ctrl+u：屏幕往"后"移动半页。
• 按 Ctrl+d：屏幕往"前"移动半页。
• 按数字 0：移到文章的开头。
• 按 G：移动到文章的最后。
• 按 $：移动到光标所在行的"行尾"。
• 按^：移动到光标所在行的"行首"。
• 按 w：光标跳到下个字的开头。
• 按 e：光标跳到下个字的字尾。
• 按 b：光标回到上个字的开头。
• 按#l：光标移到该行的第#个位置。

④删除文字。

• x：每按一次，删除光标所在位置的"后面"1 个字符。
• #x：例如，6x 表示删除光标所在位置的"后面"6 个字符。
• X：大写的 X，每按一次，删除光标所在位置的"前面"1 个字符。
• #X：例如，20X 表示删除光标所在位置的"前面"20 个字符。
• dd：删除光标所在行。
• #dd：从光标所在行开始删除#行。

⑤复制。

• yw：将光标所在之处到字尾的字符复制到缓冲区中。
• #yw：复制#个字到缓冲区。
• yy：复制光标所在行到缓冲区。
• #yy：例如，6yy 表示复制从光标所在的该行"往下数"6 行文字。
• p：将缓冲区内的字符贴到光标所在位置。

注意：所有与"y"有关的复制命令都必须与"p"配合才能完成复制与粘贴功能。

⑥替换。

• r：替换光标所在处的字符。
• R：替换光标所到之处的字符，直到按下 Esc 键为止。

⑦回复上一次操作。

• u：如果您误执行一个命令，可以马上按下 u，回到上一个操作。按多次"u"可以执行多次回复。

⑧更改。

• cw：更改光标所在处的字到字尾处。
• c#w：例如，c3w 表示更改 3 个字。

⑨跳至指定的行。

• Ctrl+g：列出光标所在行的行号。

• #G：例如，15G 表示移动光标至文章的第 15 行行首。

(4)last line mode 下命令简介。

在使用 last line mode 之前，请记住先按 Esc 键确定你已经处于 command mode 下后，再按冒号键即可进入 last line mode。

①列出行号。

• set nu：输入 set nu 后，会在文件中的每一行前面列出行号。

②跳到文件中的某一行。

• #：#表示一个数字，在冒号后输入一个数字，再按回车键就会跳到该行了，如输入数字 15，再按回车键，就会跳到文章的第 15 行。

③查找字符。

• /关键字：先按/键，再输入你想寻找的字符，如果第一次找的关键字不是你想要的，可以一直按 n 会往后寻找到你要的关键字为止。

• ？关键字：先按？键，再输入你想寻找的字符，如果第一次找的关键字不是你想要的，可以一直按 n 会往前寻找到你要的关键字为止。

④保存文件。

• w：在冒号输入字母 w 就可以将文件保存起来。

⑤离开 vi。

• q：按 q 就是退出，如果无法离开 vi，可以在 q 后跟一个！强制离开 vi。

• qw：一般建议离开时，搭配 w 一起使用，这样在退出的时候还可以保存文件。

(5)vi 命令列表。

①命令模式下的一些键的功能：

• h：左移光标一个字符。

• l：右移光标一个字符。

• k：光标上移一行。

• j：光标下移一行。

• ^：光标移动至行首。

• 0：数字“0”，光标移至文章的开头。

• G：光标移至文章的最后。

• $：光标移动至行尾。

• Ctrl+f：向前翻屏。

• Ctrl+b：向后翻屏。

• Ctrl+d：向前翻半屏。

• Ctrl+u：向后翻半屏。

• i：在光标位置前插入字符。

• a：在光标所在位置的后一个字符开始增加。

• o：插入新的一行，从行首开始输入。

• Esc：从输入状态退至命令状态。

- x：删除光标后面的字符。
- ＃x：删除光标后的＃个字符。
- X：(大写 X)，删除光标前面的字符。
- ＃X：删除光标前面的＃个字符。
- dd：删除光标所在的行。
- ＃dd：删除从光标所在行数的＃行。
- yw：复制光标所在位置的一个字。
- ＃yw：复制光标所在位置的＃个字。
- yy：复制光标所在位置的一行。
- ＃yy：复制从光标所在行数的＃行。
- p：粘贴。
- u：取消操作。
- cw：更改光标所在位置的一个字。
- ＃cw：更改光标所在位置的＃个字。

②命令模式下的一些指令：

- w filename：储存正在编辑的文件为 filename。
- wq filename：储存正在编辑的文件为 filename，并退出 vi。
- q!：放弃所有修改，退出 vi。
- set nu：显示行号。
- /或?：查找，在/后输入要查找的内容。

n 与/或?：一起使用，如果查找的内容不是想要找的关键字，按 n 或向后(与/联用)或向前(与？联用)继续查找，直到找到为止。

2. 实训目标

(1)熟悉并掌握 vi 命令模式、文本编辑模式和最后行模式三种模式之间的转换方法。

(2)掌握利用 vi 新建和保存文件：光标的移动、文本的插入与删除等操作。

(3)掌握字符串替换：行的复制、移动、撤销和删除等操作。

3. 实训内容

新建文件夹，内容为：

```
Good morning!
How are you!
Fine think you!
What are you doing?
```

4. 实训步骤及结果

子任务 1：利用 vi 新建文件 01zhang(学号＋姓名)

【操作步骤】

(1)启动计算机后，以普通用户(cz)身份登录字符界面。

(2)在 shell 命令提示符后输入命令“vi 01zhang”，启动 vi 文本编辑器，进入命令模式(图 2-2-1)。

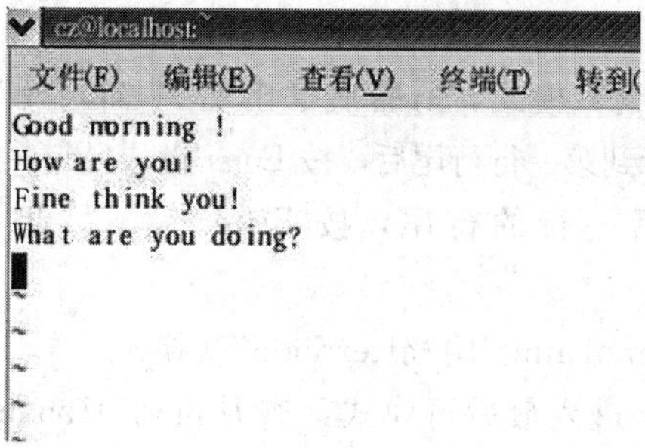

图 2-2-1　vi 界面图

(3)按 I 键，从命令模式转换为文本编辑模式，此时屏幕的最底部出现“—插入—”字样。

(4)输入上述文本内容。如果输入有错，可以使用退格键或 Delete 键删除错误的字符。

(5)按 Esc 键返回命令模式

(6)按：键进入最后行模式，输入“wq”，退出 vi。

子任务 2：利用 vi 保存文件

【操作步骤】

(1)打开 01zhang 文件并显示行号(图 2-2-2)。

①输入命令“vi 01zhang”，启动 vi 文本编辑器并打开 01zhang 文件。

②按：键切换到最后行模式，输入命令“set nu”，每一行前出现行号。

③vi 自动返回到命令行模式，连续两次输入“Z”，就退出 vi。

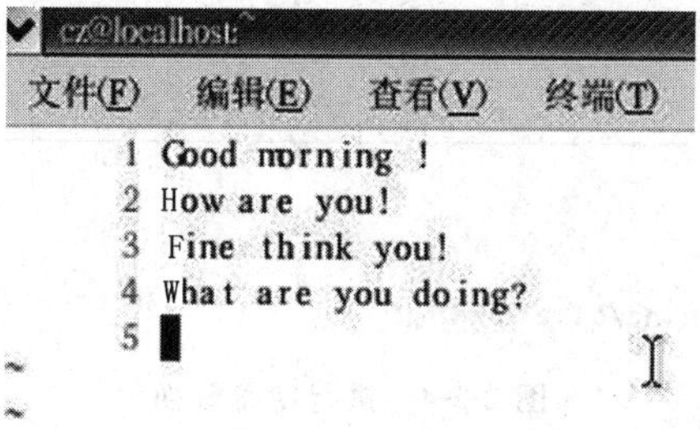

图 2-2-2　显示行号图

(2)在 01zhang 文件的第一行后插入一行内容：“Good morning!”，并在最后一行添加一行内容：“I was doing homework!”(图 2-2-3)。

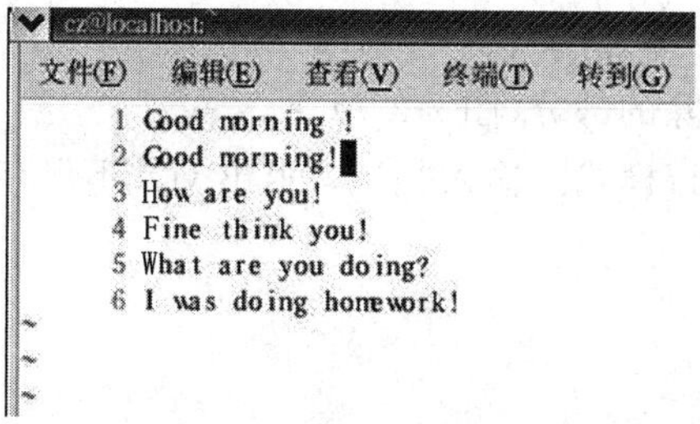

图 2-2-3　进行替换

①再次输入命令“vi 01zhang”，启动 vi 文本编辑器并打开 01zhang 文件。

②按 a 键，进入文本编辑模式，屏幕底部出现“—插入—”字样。

③利用方向键移动光标到第一行行尾后，按 Enter 键，另起一行，输入“Good morning!”

④将光标移动到最后一行的行尾，按 Enter 键，另起一行，输入“I was doing homework!”。

(3)将文本中所有的“morning”用“afternoon”替换。

按 Esc 键后输入“:”，进入最后行模式，查看当前 01zhang 文件中共有几行，假设有 5 行，输入命令“1，5 s/morning/afternoon/g”，并按 Enter 键，将文件中所有的 morning 替换为“afternoon”(图 2-2-4)。

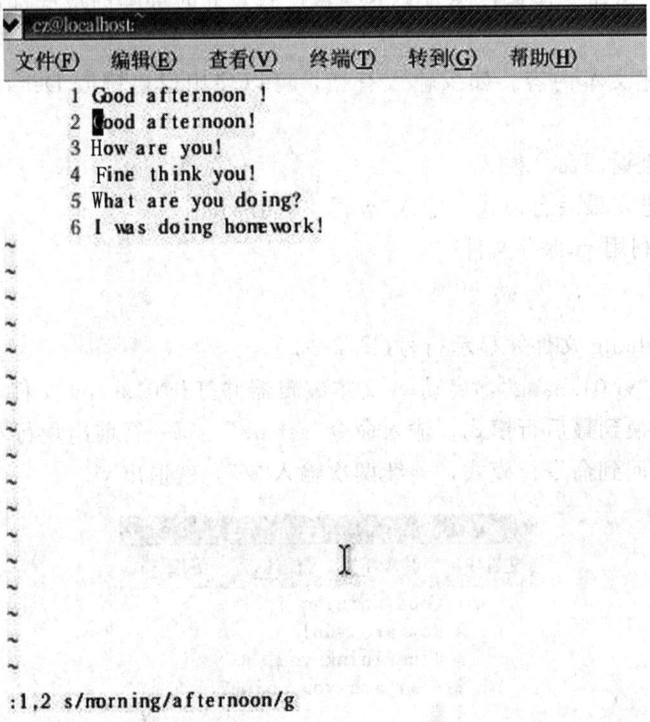

图 2-2-4　进行字符替换

(4)把第二行移动到文件的最后，删除第一行和第二行并恢复删除，并不保存修改。

①按：键，再次进入最后行模式，输入命令“2，2 m 5”，将第二行移到文件的最后(图 2-2-5)。

②按：键，输入“1，2 d”删除第一行和第二行(图 2-2-6)。

③按 u 键，恢复被删除的部分(图 2-2-7)。

④按：键，进入最后行模式，输入“q!”，退出 vi，不保存对文件的修改。

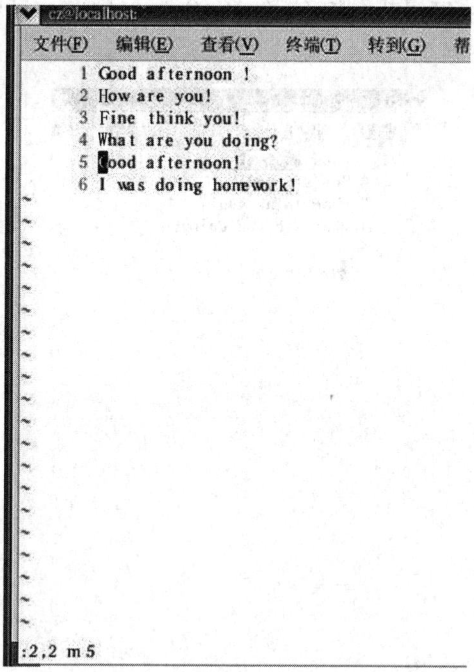

图 2-2-5 删除其中一行

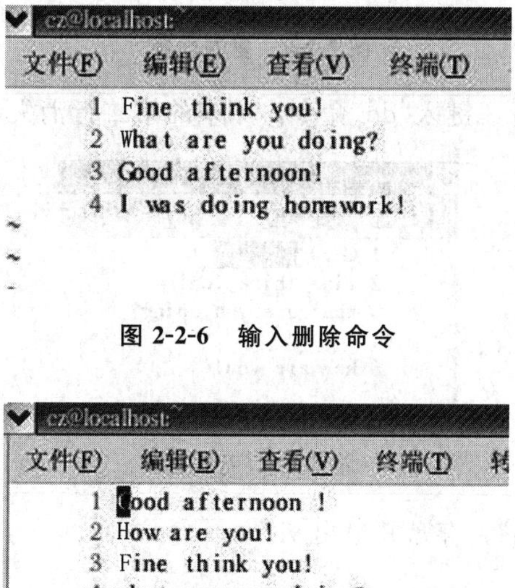

图 2-2-6 输入删除命令

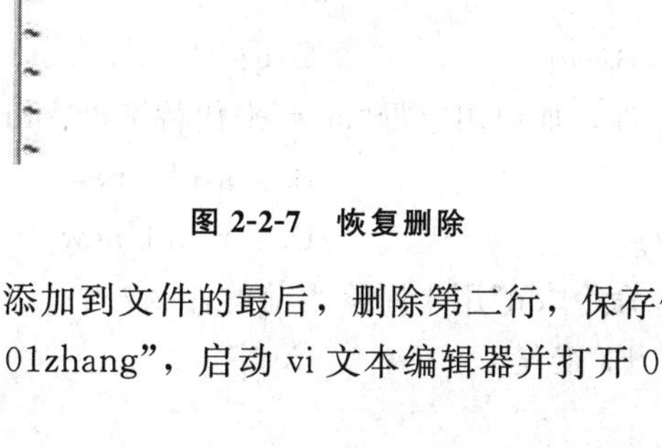

图 2-2-7 恢复删除

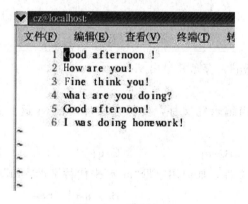

(5)复制第二行，并添加到文件的最后，删除第二行，保存修改后退出 vi。

①再次输入命令“vi 01zhang”，启动 vi 文本编辑器并打开 01zhang 文件。

②按：键，进入最后行模式，输入“2，2 co 5”，将第二行的内容复制到第五行的后面(图 2-2-8)。

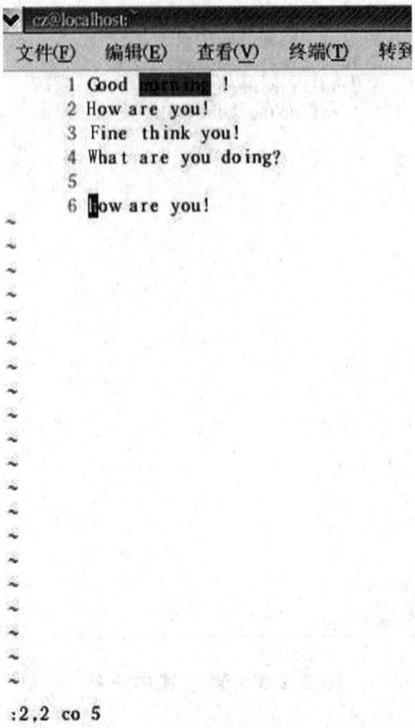

图 2-2-8 复制内容

③移动光标到第二行，键入“dd”命令，原来的第二行消失(图 2-2-9)。

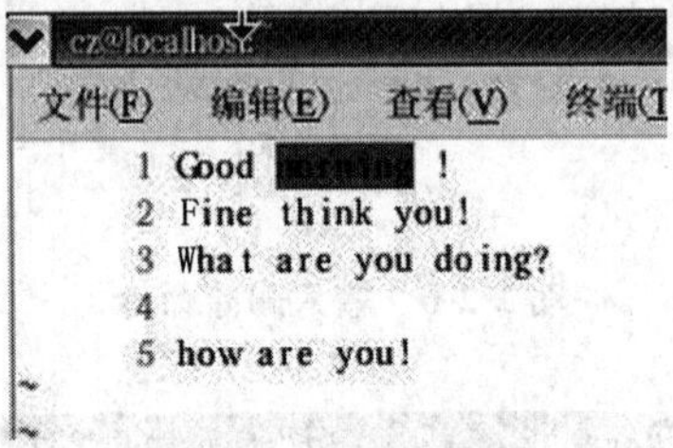

图 2-2-9 行删除

④按：键，输入“wq”，存盘并退出 vi。

5. 习题

(1)vi 编辑器中，当编辑完文件，要保存文件退出 vi 返回到 shell，应用何命令？(　　)

A. exit　　B. wq　　C. q!　　D. 以上都不对

(2)用 vi 打开一个文件，如何用字母“new”来代替字母“old”？(　　)

A. ：s/old/new/g　　B. ：s/old/new

C. :1,$ s/old/new/g　　D. ：r/old/new

(3)在 vi 编辑器里，命令“dd”用来删除当前的什么？(　　)

A. 行　　B. 变量　　C. 字　　D. 字符

(4)vi 中哪条命令是不保存强制退出？(　　)

A. ：wq　　B. ：wq!　　C. ：q!　　D. ：quit

(5)以下哪个 vi 命令可以给文档的每行加上一个编号？(　　)

A. ：e number　　B. ：set number　　C. r! date　　D. ：200g

(6)vi 中复制整行的命令是什么？(　　)

A. yl　　B. yy　　C. ss　　D. dd

(7)你用 vi 编辑器编写了一个脚本文件 shell. sh，你想将文件名修改为 shell2. sh，下列哪个命令可以实现？(　　)

A. cp shell. sh shell2. sh　　B. mv shell. sh shell2. sh

C. ls shell. sh> shell2. sh　　D. cat shell. sh> shell2. sh

(8)vi 文本编辑器有哪三种工作模式？其相互之间如何转换？

(9)2，5，co 6 命令的含义是什么？

(10)1，3 s/a/b/g 表示什么意思？

(11)vi 中当前文件如图 2-2-10 所示，左侧的数字为行号，进行如下操作后，将分别显示什么图案？

①6，6 m 0；

②5，6 d；

③1，4 s/#/*/g；

```
1    *
2   ###
3  *****
4 #######
5  *****
6   ###
7    *
~
~
```

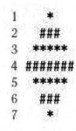

图 2-2-10　vi 中当前文件

任务 3　用户界面和 shell 命令

1. 相关知识

(1)shell 概述。

Linux 系统的 shell 作为操作系统的外壳，为用户提供使用操作系统的接口。它是命令语言、命令解释程序及程序设计语言的统称。

shell 是用户和 Linux 内核之间的接口程序，如果把 Linux 内核想象成一个球体的中心，shell 就是围绕内核的外层。当从 shell 或其他程序向 Linux 传递命令时，内核会做出相应的反应。shell 是一个命令语言解释器，它拥有自己内建的 shell 命令集，shell 也能被系统中其他应用程序所调用。用户在提示符下输入的命令都由 shell 先解释然后传给 Linux 核心。

有一些命令，比如改变工作目录命令 cd，是包含在 shell 内部的。还有一些命令，例如拷贝命令 cp 和移动命令 rm，是存在于文件系统中某个目录下的单独的程序。对用户而言，不必关心一个命令是建立在 shell 内部还是一个单独的程序。

shell 首先检查命令是否是内部命令，若不是再检查是否是一个应用程序[这里的应用程序可以是 Linux 本身的实用程序(如 ls 和 rm)，也可以是购买的商业程序(如 xv)，也可以是自由软件(如 emacs)]。然后 shell 在搜索路径里寻找这些应用程序(搜索路径就是一个能找到可执行程序的目录列表)。如果键入的命令不是一个内部命令并且在路径里没有找到这个可执行文件，将会显示一条错误信息。如果能够成功找到命令，该内部命令或应用程序将被分解为系统调用并传给 Linux 内核。

shell 的另一个重要特性是它自身就是一个解释型的程序设计语言，shell 程序设计语言支持绝大多数在高级语言中能见到的程序元素，如函数、变量、数组和程序控制结构。shell 编程语言简单易学，任何在提示符中能键入的命令都能放到一个可执行的 shell 程序中。

当普通用户成功登录，系统将执行一个称为 shell 的程序。正是 shell 进程提供了命令行提示符。作为默认值(TurboLinux 系统默认的 shell 是 Bash)，对普通用户用“$”作提示符，对超级用户(root)用“#”作提示符。

(2)shell 的种类。

Linux 中的 shell 有多种类型，其中最常用的几种是 Bourne shell(sh)、C shell(csh)和 Korn shell(ksh)。三种 shell 各有优缺点。Bourne shell 是 UNIX 最初使用的 shell，并且在每种 UNIX 上都可以使用。Bourne shell 在 shell 编程方面相当优秀，但在处理与用户的交互方面做得不如其他两种。Linux 操作系统缺省的 shell 是 Bourne Again shell，它是 Bourne shell 的扩展，简称 Bash，与 Bourne shell 完全向后兼容，并且在 Bourne shell 的基础上增加、增强了很多特性。Bash 放在/bin/bash 中，它有许多特色，可以提供命令补全、命令编辑和命令历史表等功能，它还包含了很多 C shell 和 Korn shell 中的优点，有灵活和强大的编程接口，同时又有很友好的用户界面。

C shell 是一种比 Bourne shell 更适于编程的 shell，它的语法与 C 语言很相似。Linux 为喜欢使用 C shell 的人提供了 Tcsh。Tcsh 是 C shell 的一个扩展版本。Tcsh 包括命令行编辑、可编程单词补全、拼写校正、历史命令替换、作业控制和类似 C 语言的语法，它不仅和 Bash shell 是提示符兼容，而且还提供比 Bash shell 更多的提示符参数。

Korn shell 集合了 C shell 和 Bourne shell 的优点并且和 Bourne shell 完全兼容。Linux 系统提供了 pdksh(ksh 的扩展)，它支持任务控制，可以在命令行上挂起、后台执行、唤醒或终止程序。

2. 实训目标

(1)掌握图形化用户界面和字符界面下使用 shell 命令的方法。

(2)掌握 ls、cd 等 shell 命令的功能。

(3)掌握重定向、管道、通配符、历史记录等的使用方法。

(4)掌握手工启动图形化用户界面的设置。

3. 实训内容

(1)图形化用户界面下的 shell 命令操作。

(2)字符界面下的 shell 命令操作。

(3)通配符的使用。

(4)设置手工启动图形化用户界面。

4. 实训步骤及结果

子任务 1：图形化用户界面下的 shell 命令操作

【操作步骤】

(1)显示系统时间，并将系统时间修改为 2010 年 10 月 9 日零点(图 2-3-1)。

①启动虚拟机上的 linux，以超级用户身份登录到图形化用户界面。

②依次单击“主菜单”→“系统工具”→“终端”，打开桌面环境下的终端。

③输入命令“date”，显示系统的当前日期和时间。

④输入命令“date 100900002010”，屏幕显示新修改的系统时间。

```
[root@localhost root]# date
二 10月 12 10:12:35 CST 2010
[root@localhost root]# date 100900002010
六 10月  9 00:00:00 CST 2010
```

图 2-3-1　显示并修改系统时间

(2)查看 2010 年 10 月 9 日是星期几。

输入命令“cal 2010”，屏幕上显示出 2010 年的日历，由此可以知道 2010 年 10 月 9 日是星期六(图 2-3-2)。

```
10 11 12 13 14 15 16   14 15 16 17 18 19 20   14 15 16 17 18 19 20
17 18 19 20 21 22 23   21 22 23 24 25 26 27   21 22 23 24 25 26 27
24 25 26 27 28 29 30   28                     28 29 30 31
31
        四月                   五月                   六月
日 一 二 三 四 五 六   日 一 二 三 四 五 六   日 一 二 三 四 五 六
             1  2  3                      1          1  2  3  4  5
 4  5  6  7  8  9 10    2  3  4  5  6  7  8    6  7  8  9 10 11 12
11 12 13 14 15 16 17    9 10 11 12 13 14 15   13 14 15 16 17 18 19
18 19 20 21 22 23 24   16 17 18 19 20 21 22   20 21 22 23 24 25 26
25 26 27 28 29 30      23 24 25 26 27 28 29   27 28 29 30
                       30 31
        七月                   八月                   九月
日 一 二 三 四 五 六   日 一 二 三 四 五 六   日 一 二 三 四 五 六
             1  2  3    1  2  3  4  5  6  7             1  2  3  4
 4  5  6  7  8  9 10    8  9 10 11 12 13 14    5  6  7  8  9 10 11
11 12 13 14 15 16 17   15 16 17 18 19 20 21   12 13 14 15 16 17 18
18 19 20 21 22 23 24   22 23 24 25 26 27 28   19 20 21 22 23 24 25
25 26 27 28 29 30 31   29 30 31               26 27 28 29 30

        十月                  十一月                  十二月
日 一 二 三 四 五 六   日 一 二 三 四 五 六   日 一 二 三 四 五 六
                1  2       1  2  3  4  5  6             1  2  3  4
 3  4  5  6  7  8  9    7  8  9 10 11 12 13    5  6  7  8  9 10 11
10 11 12 13 14 15 16   14 15 16 17 18 19 20   12 13 14 15 16 17 18
17 18 19 20 21 22 23   21 22 23 24 25 26 27   19 20 21 22 23 24 25
24 25 26 27 28 29 30   28 29 30               26 27 28 29 30 31
31
```

图 2-3-2　显示日历

(3)查看 ls 命令中-s 选项的帮助信息。

方法一：

①输入“man ls”命令，屏幕显示出手册页中 ls 命令相关帮助信息的第一页，介绍 ls 命令的含义、语法结构以及-a、-A、-b 和-B 等选项的意义。

②使用 PageDown 键、PageUp 键以及上、下方向键找到-s 选项的说明信息。

③由此可知，ls 命令的-s 选项等同于-size 选项，以文件块为单位显示文件和目录的大小。

④在屏幕上的“:”后输入“q”，退出 ls 命令的手册页帮助信息(图 2-3-3)。

```
-r, --reverse
       reverse order while sorting

-R, --recursive
       list subdirectories recursively

-s, --size
       print size of each file, in blocks

-S     sort by file size

--sort=WORD
       extension -X, none -U, size -S, time -t, version -v

       status -c, time -t, atime -u, access -u, use -u

--time=WORD
       show time as WORD instead of modification time:  atime,  access,
       use,  ctime  or  status;  use  specified  time  as  sort  key if
       --sort=time

--time-style=STYLE
       show times using style STYLE: full-iso, long-iso,  iso,  locale,
       +FORMAT
```

图 2-3-3　帮助信息 1

方法二：输入命令“ls - help”，屏幕显示中文的帮助信息，由此可知 ls 命令的-s 选项等同于—size 选项，以文件块为单位列出所有文件的大小(图 2-3-4)。

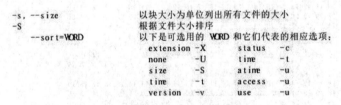

```
-s, --size                  以块大小为单位列出所有文件的大小
-S                          根据文件大小排序
    --sort=WORD             以下是可选用的 WORD 和它们代表的相应选项:
                              extension -X        status   -c
                              none      -U        time     -t
                              size      -S        atime    -u
                              time      -t        access   -u
                              version   -v        use      -u
```

图 2-3-4　帮助信息 2

(4)查看/etc 目录下所有文件和子目录的详细信息(图 2-3-5)。

①输入命令“cd/etc”，切换到/etc 目录。

②输入命令“ls-al”，显示/etc 目录下所有文件和子目录的详细信息。

```
drwxr-x---   12 root   root      4096 2010-10-12  .
drwxr-xr-x   19 root   root      4096 2010-10-12  ..
-rw-r--r--    1 root   root      1241 2009-02-26  anaconda-ks.cfg
-rw-r--r--    1 root   root        24 2000-06-11  .bash_logout
-rw-r--r--    1 root   root       234 2001-07-06  .bash_profile
-rw-r--r--    1 root   root       176 1995-08-24  .bashrc
-rw-r--r--    1 root   root       210 2000-06-11  .cshrc
-rw-r--r--    1 root   root     62569 2010-10-12  .fonts.cache-1
drwx------    5 root   root      4096 2010-10-12  .gconf
drwx------    3 root   root      4096 10月  9 00:02 .gconfd
drwx------    5 root   root      4096 2010-10-12  .gnome
drwxr-xr-x    5 root   root      4096 2010-10-12  .gnome2
drwx------    2 root   root      4096 2010-10-12  .gnome2_private
drwxr-xr-x    2 root   root      4096 2010-10-12  .gnome-desktop
drwxr-xr-x    2 root   root      4096 2009-02-26  .gstreamer
-rw-r--r--    1 root   root       120 2003-02-27  .gtkrc
-rw-r--r--    1 root   root       130 2010-10-12  .gtkrc-1.2-gnome2
-rw-------    1 root   root       189 2010-10-12  .ICEauthority
-rw-r--r--    1 root   root     18275 2009-02-26  install.log
-rw-r--r--    1 root   root      3049 2009-02-26  install.log.syslog
drwx------    3 root   root      4096 2010-10-12  .metacity
drwxr-xr-x    3 root   root      4096 2010-10-12  .nautilus
drwxr-xr-x    2 root   root      4096 2010-10-12  .pyinput
-rw-------    1 root   root         0 2010-10-12  .recently-used
-rw-------    1 root   root       475 2010-10-12  .rhn-applet.conf
-rw-r--r--    1 root   root       196 2000-07-11  .tcshrc
-rw-------    1 root   root       164 2010-10-12  .Xauthority
-rw-r--r--    1 root   root      1126 1995-08-24  .Xresources
-rw-------    1 root   root       520 2010-10-12  .xsession-errors
```

图 2-3-5 详细信息

子任务 2：字符界面下的 shell 命令操作

【操作步骤】

(1)查看当前目录(图 2-3-6)。

①启动虚拟机的 Linux 后默认会启动图形化用户界面。

②输入一个普通用户的用户名(cz)和口令(123456)，登录系统，

③输入命令“pwd”，显示当前目录。

```
[cz@localhost cz]$ pwd
/home/cz
[cz@localhost cz]$
```

图 2-3-6 查看当前目录

(2)用 cat 命令在用户主目录下创建一个名为 f1 的文本文件(图 2-3-7)，内容如下(也可以自定义)：

This is my linux!

Welcome to come in!

```
[cz@localhost cz]$ pwd
/home/cz
[cz@localhost cz]$ cat >f1
This is my linux!
Welcome to come in!
[cz@localhost cz]$ ls
f1
[cz@localhost cz]$ cat f1
This is my linux!
Welcome to come in!
```

图 2-3-7 创建并查看文件内容

①输入命令“cat＞f1”，屏幕上输入点光标闪烁。

②一次输入上述内容，用 cat 命令进行输入时，而且只能用退格键(backspace)来删除光标前一位置的字符。并且一旦按下回车键，该行输入的字符就不可修改。

③上述内容输入后，按 Enter 键，让光标处于输入内容的下一行，按 Ctrl＋D 键结束输入。

④要查看文件是否生成，输入命令“ls”即可。

⑤输入命令“cat f1”，查看 f1 文件的内容。

(3)向 f1 文件增加以下内容："this is a cat!"(图 2-3-8)。

```
[cz@localhost cz]$ cat>>f1
this is a cat!
[cz@localhost cz]$ cat f1
This is my linux!
Welcome to come in!
this is a cat!
```

图 2-3-8 增加一行

①输入命令"cat＞＞f1"，屏幕上输入点光标闪烁。

②输入上述内容后，按 Enter 键，让光标处于输入内容的下一行，按 Ctrl＋D 键盘结束输入。

③输入"cat f1"命令，查看 f1 文件的内容，会发现 f1 文件增加了一行。

(4)统计 f1 文件的行数、单词数和字符数，并将统计结果存放在 countf1 文件(图 2-3-9)。

```
[cz@localhost cz]$ wc <f1> countf1
[cz@localhost cz]$ cat countf1
      3      12      53
```

图 2-3-9 统计结果

①输入命令"wc＜f1＞countf1"，屏幕上不显示任何信息。

②输入命令"cat countf1"，查看 countf1 文件的内容，其内容是 f1 文件的行数，单词数和字符数信息。

(5)分页显示/etc 目录中所有文件和子目录的信息(图 2-3-10)。

```
[cz@localhost cz]$ ls /etc|more
a2ps.cfg
a2ps-site.cfg
adjtime
alchemist
aliases
aliases.db
alternatives
anacrontab
at.deny
auto.master
auto.misc
bashrc
bg5ps.conf
bg5ps.conf.zh_CN
bg5ps.conf.zh_CN.GB2312
bg5ps.conf.zh_TW
bg5ps.conf.zh_TW.Big5
bonobo-activation
cdrecord.conf
chinese
CORBA
cron.d
--More--
```

图 2-3-10 分页显示

①输入命令“ls/etc|more”，屏幕显示出“ls”命令输出结果的第一页，屏幕的最后一行上还出现“—More—”字样，按空格键可查看下一页的信息，按 Enter 键可查看下一行的信息。

②浏览过程中按 Q 键，可结束分页显示。

(6)仅显示/etc 目录中前 15 个文件和子目录。

输入命令“ls/etc | head -n 15”，屏幕显示出“ls”命令输出结果的前 15 行(图 2-3-11)。

```
[cz@localhost cz]$ ls /etc|head -n 15
a2ps.cfg
a2ps-site.cfg
adjtime
alchemist
aliases
aliases.db
alternatives
anacrontab
at.deny
auto.master
auto.misc
bashrc
bg5ps.conf
bg5ps.conf.zh_CN
bg5ps.conf.zh_CN.GB2312
```

图 2-3-11　输出前 15 行

(7)清除屏幕内容。

输入命令“clear”，则屏幕内容完全被清除，命令提示符定位在屏幕的左上角(图 2-3-12)。

图 2-3-12　清除屏幕内容

子任务 3：通配符的使用

(1)显示/bin/目录中所有以 c 为首字母的文件和目录。

输入命令“ls/bin/c＊”，屏幕将显示/bin 目录中以 c 开头的所有文件和目录(图 2-3-13)。

```
[cz@localhost cz]$ ls /bin/c*
/bin/cat     /bin/chmod   /bin/cp     /bin/csh
/bin/chgrp   /bin/chown   /bin/cpio   /bin/cut
```

图 2-3-13　输入命令“ls/bin/c＊”

(2)显示/bin/目录中所有以 c 为首字母，文件名只有 3 个字符的文件和目录(图 2-3-14)。

```
[cz@localhost cz]$ ls /bin/c??
/bin/cat  /bin/csh  /bin/cut
```

图 2-3-14　将命令“ls/bin/c＊”修改为“ls/bin/c??”

①按向上方向键，shell 命令提示符后出现上一步操作时输入的命令“ls/bin/c＊”。

②将其修改为“ls/bin/c??”，按下 Enter 键，屏幕显示/bin 目录中以 c 为首字母，文件名只有 3 个字符的文件和目录。

(3)显示/bin 目录中所有的首字母为 a 或 d 或 l 的文件和目录。

输入命令“ls/bin/[a,d,l]＊”，屏幕显示/bin 目录中首字母为 a 或 d 或 l 的文件和目录(图 2-3-15)。

```
[cz@localhost cz]$ ls /bin/[a,d,l]*
/bin/arch             /bin/awk    /bin/dmesg            /bin/dumpkeys   /bin/login
/bin/ash              /bin/date   /bin/dnsdomainname    /bin/link       /bin/ls
/bin/ash.static       /bin/dd     /bin/doexec           /bin/ln
/bin/aumix-minimal    /bin/df     /bin/domainname       /bin/loadkeys
```

图 2-3-15　输入命令“ls/bin/[a,d,l]＊”

(4)显示/bin/目录中所有的首字母不是 a、c、d、e 的文件和目录。

输入命令“ls/bin/[！ a-e]＊”，屏幕显示/bin 目录中首字母不是 a、b、c、d、e 的文件和目录(图 2-3-16)。

```
[cz@localhost cz]$ ls /bin/[!a-e]*
/bin/false       /bin/ls              /bin/red          /bin/tcsh
/bin/fgrep       /bin/mail            /bin/rm           /bin/touch
/bin/gawk        /bin/mkdir           /bin/rmdir        /bin/true
/bin/grep        /bin/mknod           /bin/rpm          /bin/umount
/bin/gtar        /bin/mktemp          /bin/rvi          /bin/uname
/bin/gunzip      /bin/more            /bin/rview        /bin/unicode_start
/bin/gzip        /bin/mount           /bin/sed          /bin/unicode_stop
/bin/hostname    /bin/mt              /bin/setfont      /bin/unlink
/bin/igawk       /bin/mv              /bin/setserial    /bin/usleep
/bin/ipcalc      /bin/netstat         /bin/sh           /bin/vi
/bin/kbd_mode    /bin/nice            /bin/sleep        /bin/view
/bin/kill        /bin/nisdomainname   /bin/sort         /bin/ypdomainname
/bin/link        /bin/pgawk           /bin/stty         /bin/zcat
/bin/ln          /bin/ping            /bin/su
/bin/loadkeys    /bin/ps              /bin/sync
/bin/login       /bin/pwd             /bin/tar
```

图 2-3-16　输入命令“ls/bin/[！ a-e]＊”

(5)重复上一步的操作。

输入命令“!!”，自动执行上一步操作中使用过的“ls/bin/[！ a-e]＊”命令(图 2-3-17)。

```
[cz@localhost cz]$ !!
ls /bin/[!a-e]*
/bin/false       /bin/ls              /bin/red          /bin/tcsh
/bin/fgrep       /bin/mail            /bin/rm           /bin/touch
/bin/gawk        /bin/mkdir           /bin/rmdir        /bin/true
/bin/grep        /bin/mknod           /bin/rpm          /bin/umount
/bin/gtar        /bin/mktemp          /bin/rvi          /bin/uname
/bin/gunzip      /bin/more            /bin/rview        /bin/unicode_start
/bin/gzip        /bin/mount           /bin/sed          /bin/unicode_stop
/bin/hostname    /bin/mt              /bin/setfont      /bin/unlink
/bin/igawk       /bin/mv              /bin/setserial    /bin/usleep
/bin/ipcalc      /bin/netstat         /bin/sh           /bin/vi
/bin/kbd_mode    /bin/nice            /bin/sleep        /bin/view
/bin/kill        /bin/nisdomainname   /bin/sort         /bin/ypdomainname
/bin/link        /bin/pgawk           /bin/stty         /bin/zcat
/bin/ln          /bin/ping            /bin/su
/bin/loadkeys    /bin/ps              /bin/sync
/bin/login       /bin/pwd             /bin/tar
```

图 2-3-17　输入命令“!!”

子任务 4：设置手工启动图形化用户界面

【操作步骤】

(1)修改/etc/inittab 文件(图 2-3-18)。

```
# Default runlevel. The runlevels used by RHS are:
#   0 - halt (Do NOT set initdefault to this)
#   1 - Single user mode
#   2 - Multiuser, without NFS (The same as 3, if you do not have networking)
#   3 - Full multiuser mode
#   4 - unused
#   5 - X11
#   6 - reboot (Do NOT set initdefault to this)
#
id:3:initdefault:

# System initialization.
si::sysinit:/etc/rc.d/rc.sysinit

l0:0:wait:/etc/rc.d/rc 0
```

图 2-3-18　修改启动方式

①使用 vi 打开/etc/inittab 文件。

②将文件中的“id:5initdefault”所在的行的“5”修改为“3”。

③保存文件。

④重启计算机。

(2)手工启动图形化用户界面(图 2-3-19)。

图 2-3-19　启动 KDE 桌面环境

①计算机重启后显示字符界面，输入用户名和相应的口令后，登录 Linux 系统

②输入命令“startx”，启动图形化用户界面。

③单击“主菜单”→“注销”，弹出对话框，单击“确定”按钮，返回到字符界面。

(3)切换到 KDE 桌面环境。

①输入命令“switchdesk kde”，切换为启动 KDE 桌面环境。

②输入命令“startx”，启动 KDE 桌面环境。

5. 习题

(1)ls 命令的格式有哪几种？分别举例说明。

(2)vi 的使用方式是怎样的？

(3)如何挂载文件系统和光盘？

任务 4 用户与组群管理

1. 相关知识

(1)用户账号文件 passwd。

passwd 文件用于定义系统的用户账号，该文件位于“/etc”目录下。由于所有用户都对 passwd 有读权限，所以该文件中只定义用户账号，而不保存口令。passwd 文件中每行定义一个用户账号，一行中又划分为多个字段定义用户账号的不同属性，各字段间用“:”分隔。

(2)用户口令文件 shadow。

shadow 文件位于“/etc”目录中，用于存放用户口令等重要，所以该文件只有 root 用户可以读取。与 passwd 文件类似，shadow 文件中每行定义一个用户的信息，行中的各字段用“:”分隔。为了进一步提高安全性，shadow 文件中保存的是已加密的口令。

2. 实训目标

(1)理解/etc/passwd 和/etc/group 文件的含义。

(2)掌握桌面环境下管理用户与组群的方法。

(3)掌握利用 shell 命令管理用户与组群的方法。

(4)掌握批量新建用户账号的步骤和方法。

3. 实训内容

(1)桌面环境下管理用户与组群。

(2)利用 shell 命令管理用户与组群。

(3)批量新建多个用户账号。

4. 实训步骤及结果

子任务 1：桌面环境下管理用户与组群

【操作步骤】

(1)新建两个用户账号，其用户名分别为 zhang 和 lily，口令为“111111”和“123456”(图 2-4-1)。

①以超级用户身份登录 X Windows 图形化用户界面，依次单击“主菜单”→“系统设置”→“用户和组群”，启动“Red Hat 用户管理器”窗口。

②单击工具栏上的“添加用户”按钮，出现“创建新用户”对话框，在“用户”文本框中输入用户名“zhang”，在“口令”文本框中输入口令“111111”，在“确认口令”文本框中再次输入口令，然后单击“确认”按钮，返回“Red Hat 用户管理器”窗口。

③用同样的方法新建用户 lily。

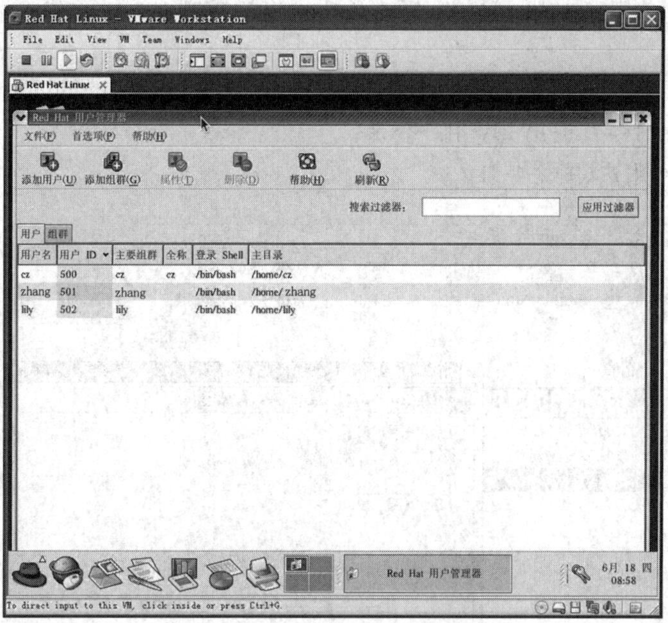

图 2-4-1　创建用户账户

④依次单击“主菜单”→“附件”→“文本编辑器”，启动 gedit 文本编辑器，打开/etc/passwd 和/etc/shadow 文件，将发现文件的末尾出现表示 zhang 和 lily 用户账号的信息。打开/etc/grout 和/etc/gshadow 文件将发现文件末尾出现表示 zhang 和 lily 私人群组的信息(图 2-4-2)。

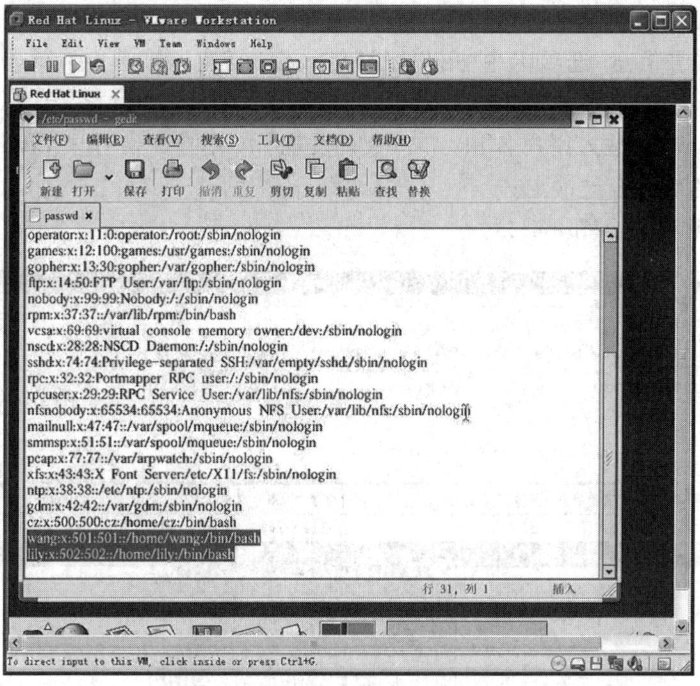

图 2-4-2　查看用户信息

⑤注销系统，用 lily 用户登录，输入密码可以登录到 Linux 系统，说明新建用户的操作成功。

⑥输入 pwd 命令，屏幕显示用户登录后进入用户主目录“/home/lily”。

⑦输入 exit 命令，退出 lily 用户登录。

(2)锁定 lily 账户(图 2-4-3)。

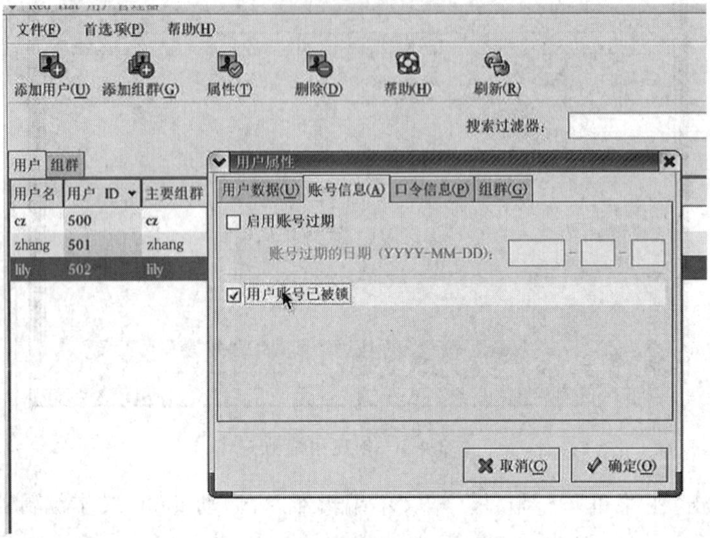

图 2-4-3 锁定账户

①在“Red Hat 用户管理器”窗口选中 lily 用户账号，单击工具栏上的“属性”按钮，打开“用户属性”对话框。

②选中“账号信息”选项卡中“用户账号已被锁”复选框被选中，单击“确定”按钮，返回“Red Hat 用户管理器”窗口。

③注销 Linux，输入用户名 lily 和口令，发现 lily 用户无法登录 Linux 系统，说明 lily 用户账号的确已经被锁定。

(3)删除 lily 用户(图 2-4-4)。

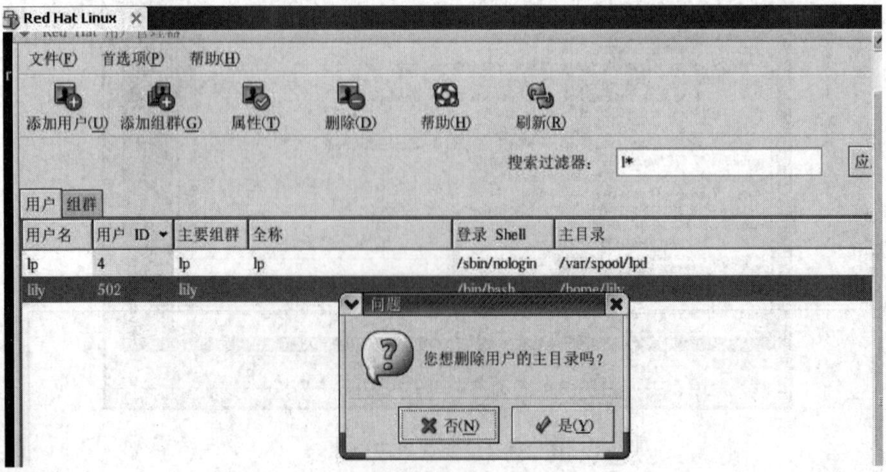

图 2-4-4 删除用户

①在“Red Hat 用户管理器”窗口，单击“首选项”菜单中取消选择“过滤系统用户和组群”，“用户”选项卡的窗口中显示包括超级用户和系统用户在内的所有用户。

②在“搜索过滤器”文本框中输入“h＊”并按下 Enter 键，则仅显示以 h 为首字母的用户。

③选中 lily 用户，单击工具栏上的“删除”按钮，弹出对话框，单击“是”按钮，返回“Red Hat 用户管理器”，发现 lily 用户已经被删除。

④在“搜索过滤器”文本框中输入“＊”并按下 Enter 键，则显示所有用户。

(4)新建两个组群，分别为 myusers 和 temp(图 2-4-5)。

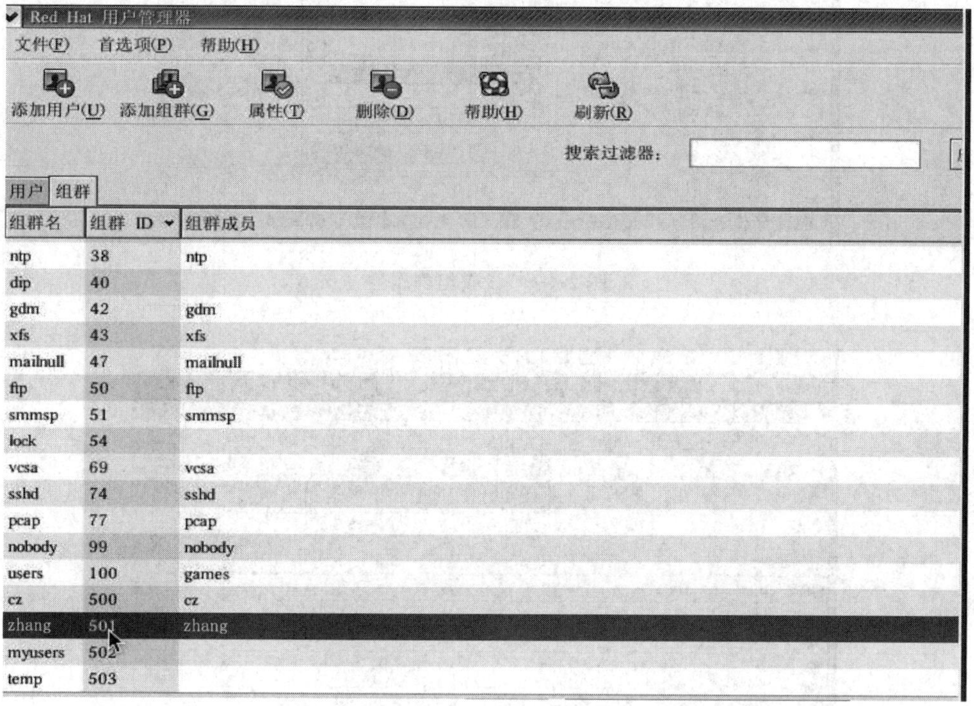

图 2-4-5　创建组群

①在“Red Hat 用户管理器”窗口中单击“组群”选项卡，当前显示所有组群。

②单击工具栏上的“添加组群”按钮，出现“创建组群”对话框，在“组群名”文本框中输入“myusers”，单击“确定”按钮，返回“Red Hat 用户管理器”窗口。

③用相同的方法创建 temp 组群。

(5)修改 myusers 组群属性，将 zhang 用户加入 myusers 组群(图 2-4-6)。

①从“组群”选项卡中选择 myusers 组群，单击工具栏上的“属性”按钮，弹出“组群属性”对话框。

②选择“组群用户”选项卡，选中 zhang 前的复选框，将 zhang 用户加入 myusers 组群，单击“确定”按钮，返回“Red Hat 用户管理器”窗口。

(6)删除 temp 组群。

从“组群”选项卡中选择 temp 组群，单击工具栏上的“删除”按钮，出现确认对话框，单击“是”按钮即可(图 2-4-7)。

图 2-4-6　设置组群属性

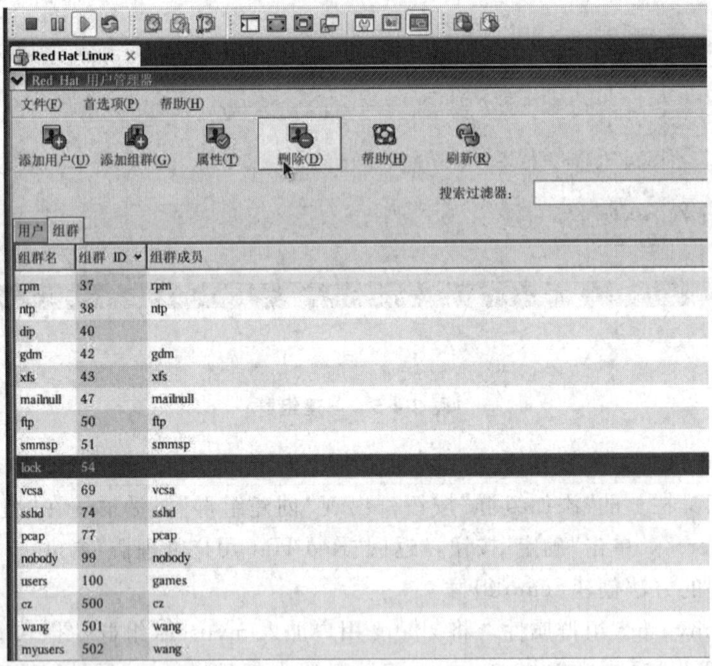

图 2-4-7　删除组群

子任务 2：利用 shell 命令管理用户与组群

【操作步骤】

(1)新建一名为 duser 的用户，其口令是“111111”，主要组群为 myusers。

①以 root 用户登录系统。

②在超级终端中输入 useradd -g myusers duser，新建用户 duser，主要组群是

myusers。

③为新用户设置口令，输入命令“passwd duser”，根据屏幕提示输入两次口令，注意，所有输入的口令在屏幕上不显示。

④输入命令 cat/etc/passwd，查看/etc/passwd 文件的内容，发现文件的末尾增加了 duser 用户的信息(图 2-4-8)。

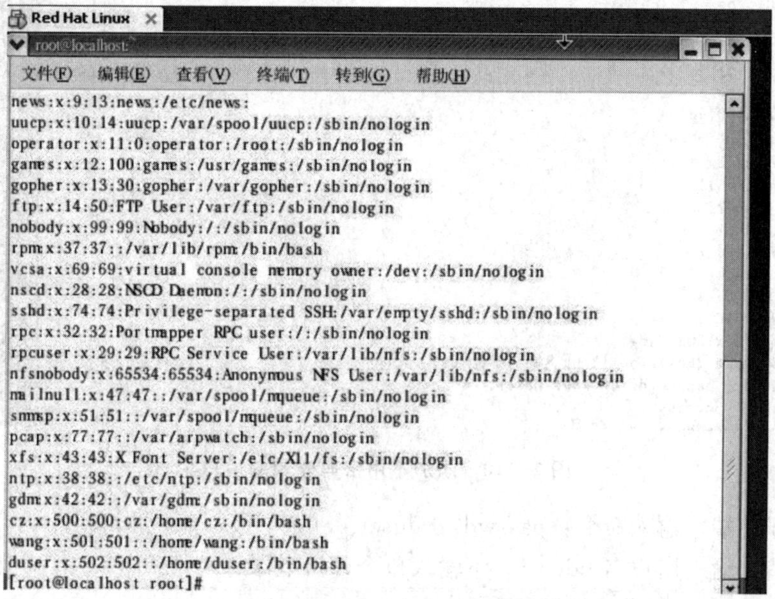

图 2-4-8 显示添加的用户信息

⑤输入命令 cat/etc/group，查看/etc/group 文件的内容，发现文件内容未增加(图 2-4-9)。

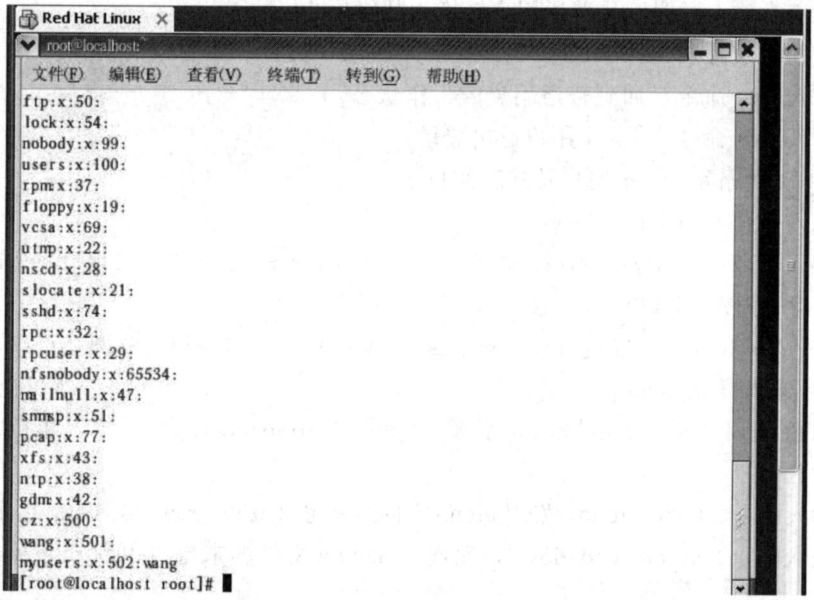

图 2-4-9 查看组群文件

(2)将 duser 用户设置为不需口令就能登录(图 2-4-10)。

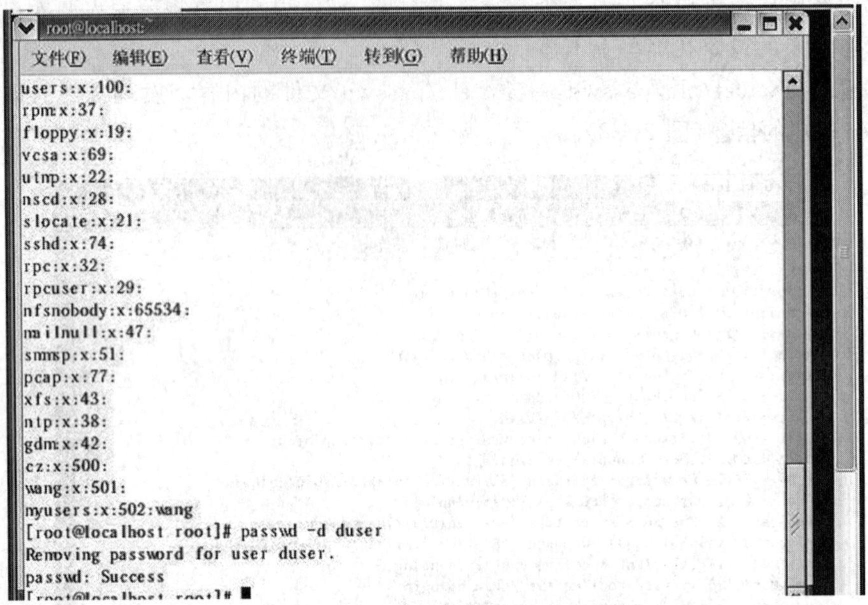

图 2-4-10　添加不用密码登录的用户

①打开终端，输入命令：passwd -d duser。

②注销，输入用户名 uduser，不输入口令即可登录。

(3)查看 duser 用户的相关信息。

①输入命令 ls/root，屏幕上没有出现/root 目录中文件和子目录的信息，这是普通用户没有查看/root 目录的权限。

②输入 su -或者 su -root，屏幕提示输入口令，此时输入超级用户的口令，shell 提示符从＄变为＃，说明已从普通用户转换为超级用户。

③再次输入命令“ls/root”，可查看/root 目录中文件和子目录的信息。

④输入 exit 命令，回到普通用户的工作状态。

⑤输入 exit 命令，duser 用户退出登录。

(4)一次性删除 duser 用户及其工作目录。

①输入命令 userdel -r duser。

②输入命令 cat/etc/passwd，查看/etc/passwd 文件的内容，发现 duser 的相关信息已经不存在(图 2-4-11)。

③输入“ls/home”，发现 duser 的主目录/home/duser 也不存在(图 2-4-12)。

(5)新建组群 mygroup。

①在超级用户的 shell 提示符后输入命令“groupadd mygroup”，建立 mygroup 组群。

②输入命令 cat/etc/group，发现 group 文件的末尾出现 mygroup 组群的信息(图 2-4-13)。

③输入命令“cat/etc/gshadow”，发现 gshadow 文件的末尾也出现 mygroup 组群的信息(图 2-4-14)。

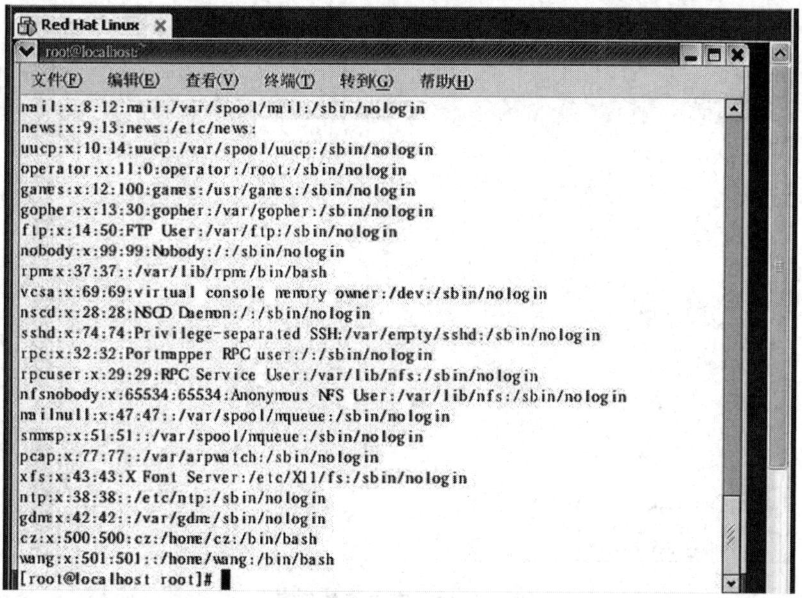

图 2-4-11 删除用户

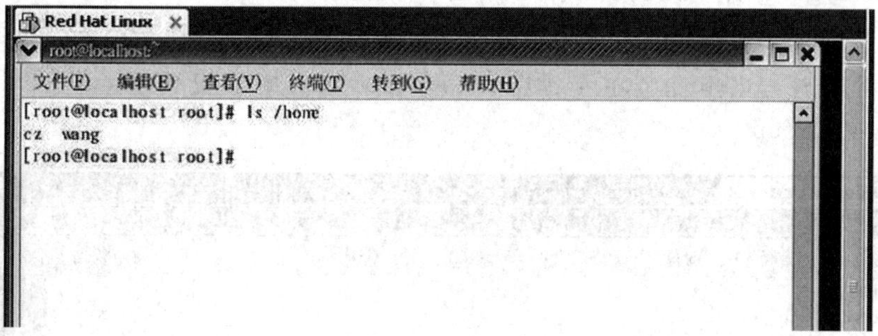

图 2-4-12 查看目录

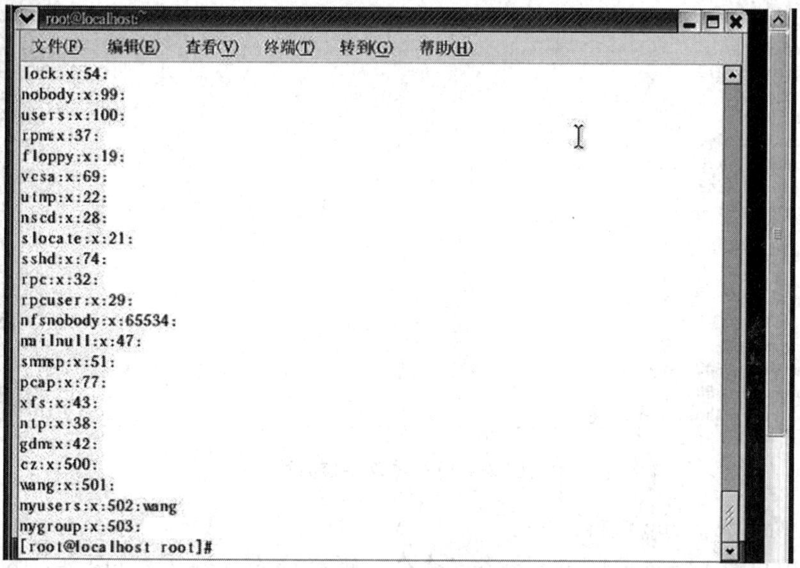

图 2-4-13 新建组群

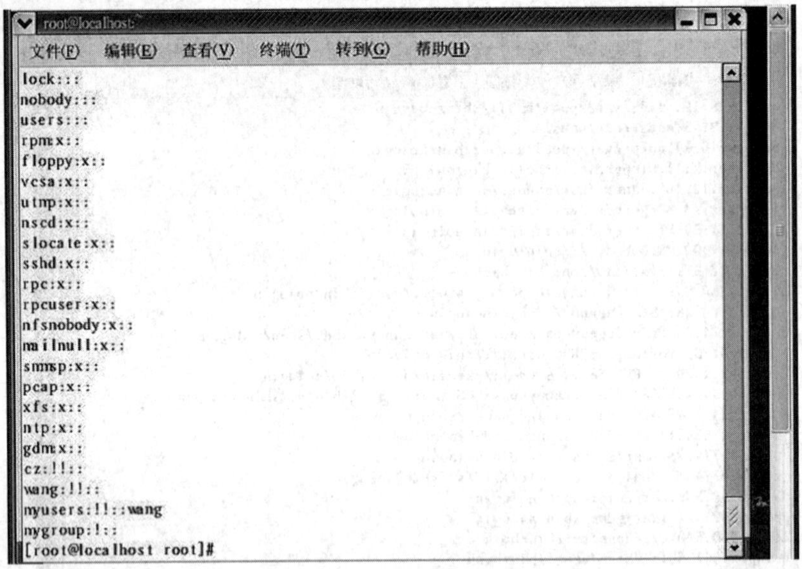

图 2-4-14　查看组群信息

(6)将 mygroup 组群改为 newgroup(图 2-4-15)。

①输入命令“groupmod -n newgroup mygroup”，其中-n 选项表示更改组群的名称。

②输入命令“cat/etc/group”，查看组群信息，发现原来的 mygroup 所在的行的第一项变为 newgroup。

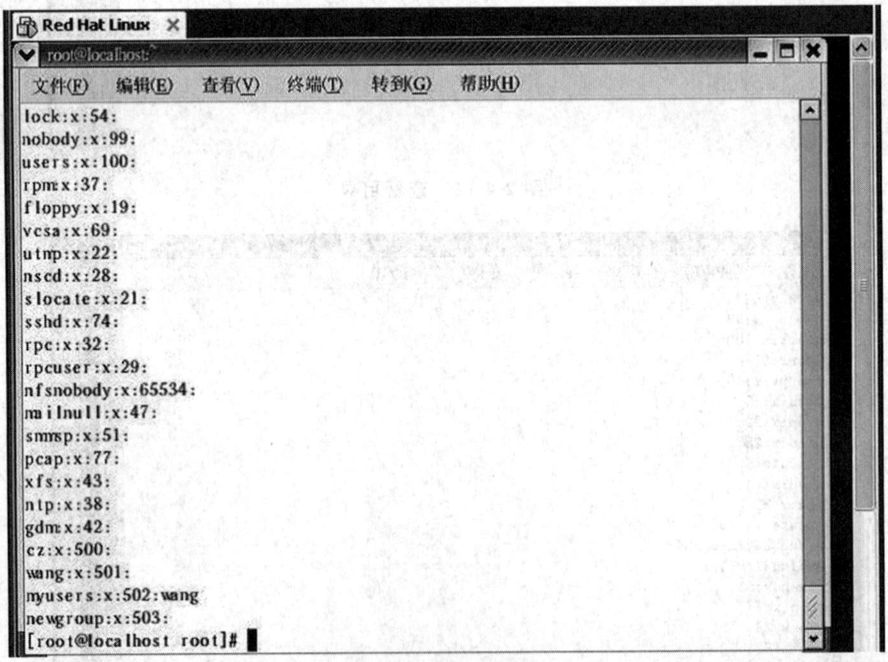

图 2-4-15　更改族群名称

(7)删除 newgroup 组群。

超级用户输入“groupdel newgroup”命令，删除 newgroup 组群(图 2-4-16)。

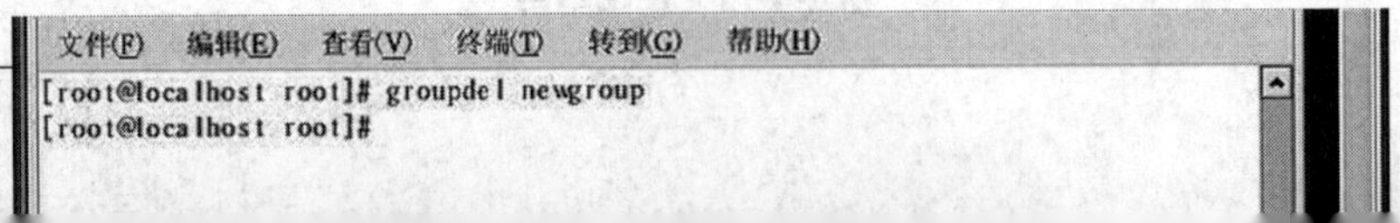

子任务 3：批量新建多个用户账号

【操作步骤】

为全班同学创建用户账号，用户名为“s”＋学号的组合，并且都属于 class08 组群。

(1)新建全班同学的组群 class08，输入命令“groupadd -g 600 class08”(假设值位 600 的 GID 未被使用)，如图 2-4-17 所示。

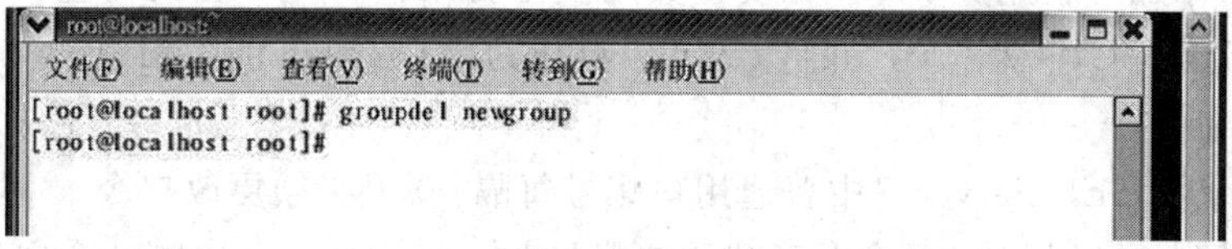
root@localhost:~
文件(F) 编辑(E) 查看(V) 终端(T) 转到(G) 帮助(H)
[root@localhost root]# groupdel newgroup
[root@localhost root]#

图 2-4-17 添加组群

(2)编辑用户信息文件，保存为 student. txt 文件。文件的格式为：

s0801:x:601:600::/home/s0801:/bin/bash

s0802:x:602:600::/home/s0802:/bin/bash

…

(3)编辑用户口令文件，保存为 pssword. txt 文件。文件的格式为：

s0801:dkdk24d

s0802:jujui34

…

(4)输入命令“newusers＜student. txt”，批量新建用户账号。

(5)输入命令“pwunconv”，暂时取消 shadow 加密。

(6)输入命令“chpasswd＜password. txt”，批量新建用户的口令。

(7)输入命令“pwconv”，进行 shadow 加密，完成批量创建用户账号的工作。

(8)输入命令“cat/etc/passwd”，查看/etc/passwd 文件将发现所有的用户账号均已建立(图 2-4-18)。

root@localhost:~
文件(F) 编辑(E) 查看(V) 终端(T) 转到(G) 帮助(H)
[root@localhost root]# groupdel newgroup
[root@localhost root]# groupadd -g 600 class08
[root@localhost root]# vi <student.txt
bash: student.txt: 没有那个文件或目录
[root@localhost root]# vi student.txt
[root@localhost root]# vi password
[root@localhost root]# vi password.txt
[root@localhost root]# newusers <student.txt
[root@localhost root]#

图 2-4-18 查看创建用户

5. 习题

(1)Linux 中用户可分为哪几种类型？各有何特点？

(2)Linux 用哪些属性信息来说明一个用户账号？

(3)Linux 用哪些属性信息来说明一个组群？

(4)利用 useradd 命令新建用户账号时，将改变哪几个文件的内容？

(5)从超级用户切换为普通用户时是否需要输入口令？为什么？

(6)如何批量创建多个用户账号?

(7)创建用户 user，并设置其口令为“a1b2c3”，并加入组 group(假设 group 组已经存在)，请依次写出相应执行的命令。

(8)首先建立一新用户组 mygroup，再创建一个用户 myuser，并且此用户属于 mygroup 组。

(9)现需添加一新用户 helen 并设置其用户主目录/Helen，密码为空，添加新用户组 temp，指定其 GID 为 600，并将 temp 组群作为用户 helen 的附加组群，请依次写出相应执行的命令。

(10)要求 RHEL Server 5 中普通用户账号每隔 90 天必须更改口令。

(11)利用“useradd term”命令新建用户账号时，将改变/etc 中哪几个文件的内容?

项目三　Linux 基础应用

知识目标

1. LumaQQ 的安装和使用。
2. Windows 下访问 Linux 系统。
3. Linux 桌面应用。

任务 1　LumaQQ 的安装

1. 相关知识

LumaQQ 是一个多平台第三方 QQ 客户端，目前有 Mac 版、Java 版和 iphone 版。

Java 版本基于 SWT 开发，遵循 GNU General Public License 许可证(简称 GPL)发布而 Mac 版尚未开源。Java 版本曾经是 Linux 平台的主流 QQ 客户端，其声望在"如来神掌"时代(2005 年 1 月—2005 年 4 月)达到顶峰，后因作者兴味索然，逐渐放弃 Java 版，转而进行 Mac 版本开发。在 LumaQQ 之前，有 OpenQ 这样的前辈，所以 LumaQQ Java 版不是第一个开源 QQ 客户端，但是 LumaQQ 的功能更强，界面更友好，代码注释更翔实，这些都促成了第三方 QQ 客户端的大爆发，出现了 Eva、Cyclone、TextQQ、MilyQQ、各种 QQ 挂机工具、各种 Web QQ 等。也许有些已经消亡，也许有些还在继续，不管怎么样，LumaQQ 开创了一个时代。

2. 实训目标

(1)掌握软件的解压方法 tar。

(2)掌握 jdk 环境的安装和环境变量的配置。

(3)熟悉 Linux 下 QQ 的使用。

3. 实训内容

(1)下载相应的软件包 LumaQQ。

(2)下载 jdk 环境软件。

(3)配置 jre 环境。

(4)解压 Linux for QQ 包。

(5)测试与运行。

4. 实训步骤及结果

子任务：安装 LumaQQ

【操作步骤】

首先确保 Linux 的网络可以上外网。

(1)jre 官方网址 http://www.java.com Luma；QQ 官方网址 http://lumaqq.linuxsir.org。

(2)进入到刚刚下载的软件包的保存目录，然后先安装 jre(图 3-1-1)。

rpm-ivh jdk-1_5_0_05-linux-i586. rpm

```
[root@localhost home]# ls
cz                         lumaqq_2005-linux_gtk2_x86_with_jre.tar.gz
jdk-1_5_0_05-linux-i586.rpm  lumaqq_2005_patch_2006.02.02.15.00.zip
[root@localhost home]# rpm -ivh jdk
error: open of jdk failed: 没有那个文件或目录
[root@localhost home]# rpm -ivh jdk-1_5_0_05-linux-i586.rpm
Preparing...                ########################################### [100%]
   1:jdk                    ########################################### [100%]
[root@localhost home]#
```

图 3-1-1　安装 jre

jre 安装完成后，接下来配置它的运行环境。

vi ～/. bashrc

＃User specific aliases and functions

alias rm='rm-i'

alias cp='cp -i'

alias mv='mv-i'

＃Source global definitions

if [-f/etc/bashrc];then

./etc/bashrc

fi

在上面的文件的最后加入以下几行：

export JAVA_HOME=/usr/java/jdk1. 5. 0_05

export CLASSPATH=. :$JAVA_HOME/lib/dt. jar

export PATH= $PATH: $JAVA_HOME/bin

添加完成后按 Esc 键，命令行状态到末行状态，wq 存盘退出，此时 jre 环境已经配置完成(图 3-1-2)。

```
# .bashrc

# User specific aliases and functions

alias rm='rm -i'
alias cp='cp -i'
alias mv='mv -i'

# Source global definitions
if [ -f /etc/bashrc ]; then
        . /etc/bashrc
fi
export JAVA_HOME=/user/java/jdk1.5.0_05
export CLASSPATH=.:$JAVA_HOME/lib/dt.jar
export PATH=$PATH:$JAVA_HOME/bin
~
~
~
~
~
~
```

图 3-1-2　配置环境变量

(3)安装 LumaQQ，进入到 LumaQQ 2005 文件包的相应目录：

```
tar zxvf lumaqq_2005-linux_gtk2_x86_with_jre. tar
```

解压完成后，会在这个目录中出现 LumaQQ 这个目录(图 3-1-3)。

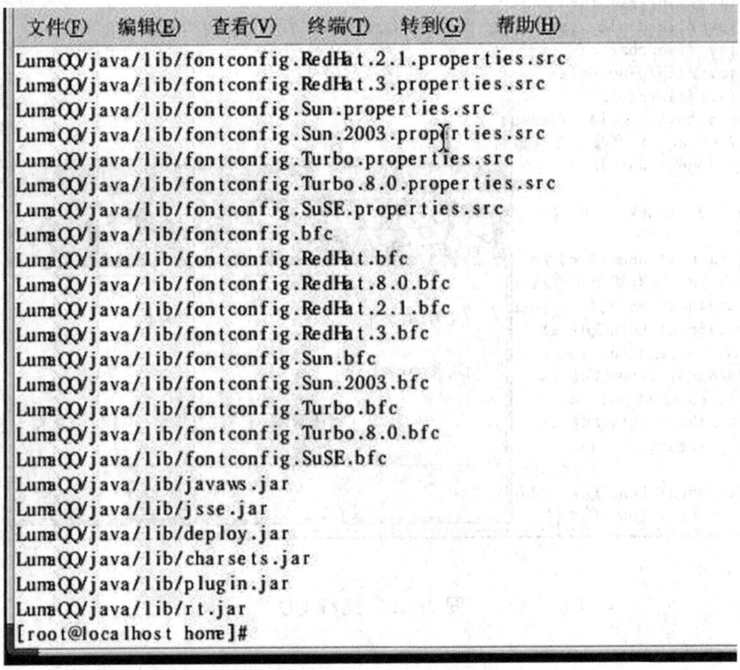
文件(F) 编辑(E) 查看(V) 终端(T) 转到(G) 帮助(H)
LumaQQ/java/lib/fontconfig.RedHat.2.1.properties.src
LumaQQ/java/lib/fontconfig.RedHat.3.properties.src
LumaQQ/java/lib/fontconfig.Sun.properties.src
LumaQQ/java/lib/fontconfig.Sun.2003.properties.src
LumaQQ/java/lib/fontconfig.Turbo.properties.src
LumaQQ/java/lib/fontconfig.Turbo.8.0.properties.src
LumaQQ/java/lib/fontconfig.SuSE.properties.src
LumaQQ/java/lib/fontconfig.bfc
LumaQQ/java/lib/fontconfig.RedHat.bfc
LumaQQ/java/lib/fontconfig.RedHat.8.0.bfc
LumaQQ/java/lib/fontconfig.RedHat.2.1.bfc
LumaQQ/java/lib/fontconfig.RedHat.3.bfc
LumaQQ/java/lib/fontconfig.Sun.bfc
LumaQQ/java/lib/fontconfig.Sun.2003.bfc
LumaQQ/java/lib/fontconfig.Turbo.bfc
LumaQQ/java/lib/fontconfig.Turbo.8.0.bfc
LumaQQ/java/lib/fontconfig.SuSE.bfc
LumaQQ/java/lib/javaws.jar
LumaQQ/java/lib/jsse.jar
LumaQQ/java/lib/deploy.jar
LumaQQ/java/lib/charsets.jar
LumaQQ/java/lib/plugin.jar
LumaQQ/java/lib/rt.jar
[root@localhost home]#

图 3-1-3　解压文件

(4)解压 2005patch 包，把对应的 jar 文件放到 LumaQQ 目录下的 lib 文件夹下面(图 3-1-4)。

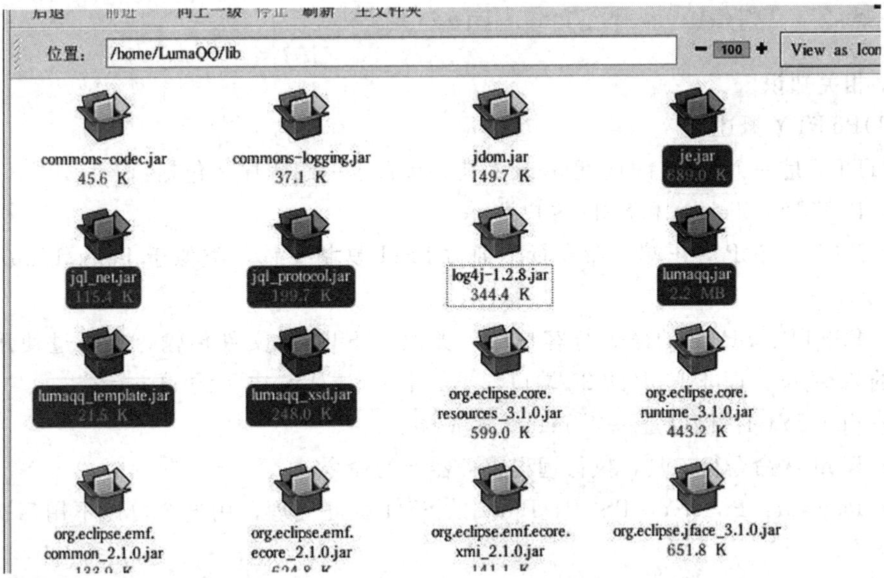

图 3-1-4　补丁包放入文件

(5)进入 LumaQQ 目录. /lumaqq 接着输入你的 QQ 号码与密码就可以登录了。

注意：主要是配置 jdk 环境。

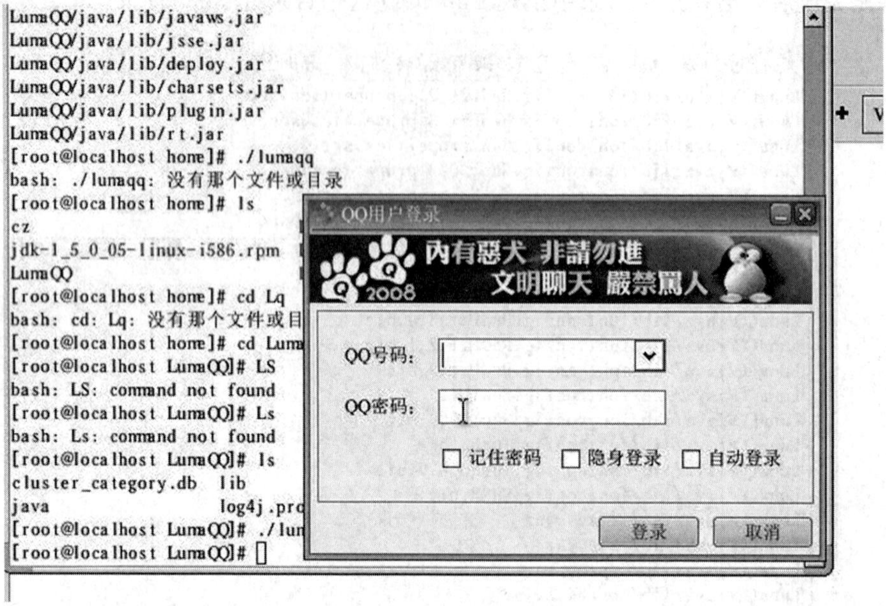
LumaQQ/java/lib/javaws.jar
LumaQQ/java/lib/jsse.jar
LumaQQ/java/lib/deploy.jar
LumaQQ/java/lib/charsets.jar
LumaQQ/java/lib/plugin.jar
LumaQQ/java/lib/rt.jar
[root@localhost home]# ./lumaqq
bash: ./lumaqq: 没有那个文件或目录
[root@localhost home]# ls
cz
jdk-1_5_0_05-linux-i586.rpm
LumaQQ
[root@localhost home]# cd Lq
bash: cd: Lq: 没有那个文件或目
[root@localhost home]# cd Luma
[root@localhost LumaQQ]# LS
bash: LS: command not found
[root@localhost LumaQQ]# Ls
bash: Ls: command not found
[root@localhost LumaQQ]# ls
cluster_category.db lib
java log4j.pro
[root@localhost LumaQQ]# ./lu
[root@localhost LumaQQ]#
QQ用户登录
內有惡犬 非請勿進
文明聊天 嚴禁罵人
2008
QQ号码:
QQ密码:
记住密码
隐身登录
自动登录
登录
取消

图 3-1-5　运行 QQ

5. 习题

(1)如何配置 jdk 环境？

(2)LumaQQ 如何解压？如何运行？

任务 2　Windows 下访问 Linux 系统

1. 相关知识

(1)PuTTY 概述

PuTTY 是一个跨平台的远程登录工具，包含了一组程序，包括：

- PuTTY：Telnet 和 SSH 客户端。
- PSCP：SCP 客户端，命令行下通过 SSH 复制文件，类似于 Unix/Linux 下的 scp 命令。
- PSFTP：SFTP 的命令行客户端，类似于 FTP 的文件传输，只不过使用的是 SSH 的 22 端口，而非 FTP 的 21 端口，类似于 Unix/Linux 下的 sftp 命令。
- PuTTYtel：仅仅是一个 Telnet 客户端。
- Plink：命令行工具，执行远程服务器上的命令。
- Pageant：PuTTY、PSCP、Plink 的 SSH 认证代理，用这个可以不用每次都输入口令了。
- PuTTYgen：用来生成 RSA 和 DSA 密钥的工具。

虽然包含了这么多程度，但平时见到的只是用于 PuTTY 登录服务。

(2)VNC Server 概述。

VNC Server 是一般 Linux 发行版都会附带的 VNC 服务器软件。

VNC Server 是一个为了满足分布式用户共享服务器上面的资源，而在服务器上开启的一项服务，对应的客户端软件为 VNC Viewer；它也可以是不同的操作系统，比如利用 Windows 远程访问 Linux 系统资源的一种远程访问方式。

(3)WinSCP 概述。

WinSCP 是一个 Windows 环境下使用 SSH 的开源图形化 SFTP 客户端。同时支持 SCP 协议。它的主要功能就是在本地与远程计算机间安全的复制文件。

WinSCP 可以执行所有基本的文件操作，如下载和上传。同时允许为文件和目录重命名、改变属性、建立符号链接和创建快捷方式。

2. 实训目标

(1)掌握在 Windows 中使用 SSH 的方式访问 Linux 系统。

(2)掌握在 Windows 中以图形化方式访问 Linux 系统。

(3)熟悉 Windows 和 Linux 文件互传方法。

3. 实训内容

(1)以 SSH 方式访问 Linux。

(2)以图形化方式访问 Linux。

(3)Windows 和 Linux 实现文件互传。

4. 实训步骤及结果

子任务 1：SSH 方式访问 Linux

【操作步骤】

(1)打开 Putty. exe，进入主界面，输入要访问的 Linux 的 IP 地址(图 3-2-1)。

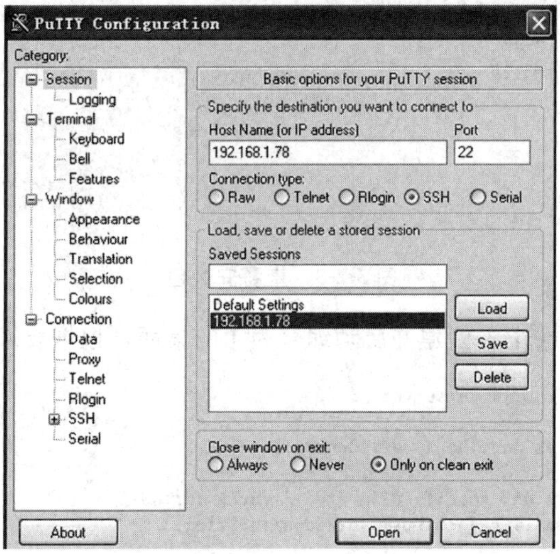

图 3-2-1　SSH 方式访问 Linux

注意：第一，首先网络一定要可以 ping 通，保证 Linux 和 Windows 之间网络互通；第二，Linux 的防火墙一定要允许 SSH 通过。

(2)输入用户名和密码以命令行方式访问 Linux(图 3-2-2)。

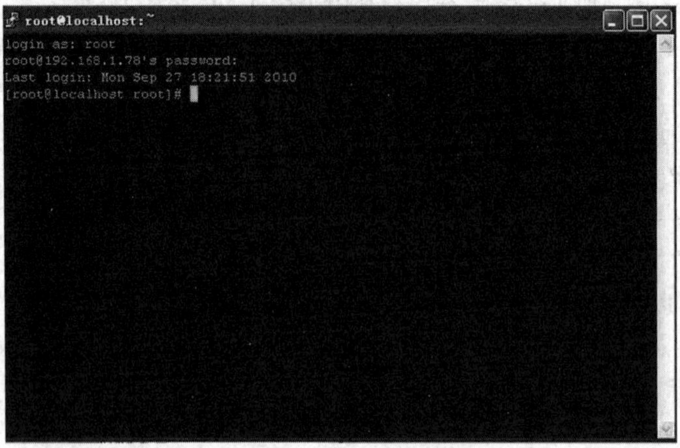

图 3-2-2　字符方式登录 Linux

子任务 2：图形化方式访问 Linux

【操作步骤】

(1)登录 Linux 图形化界面，以 root 账户登录系统，在终端运行 rpm -q vnc-server 检查 VNC 服务是否安装(也可以在 Windows 下用 putty 登录，具体步骤相同)。

注意：如果没有安装 vnc-server 包，找到对应的安装包，在 Linux 第三张盘中，把 vns-server 包复制到相应的目录下，运行 rpm-ivh vnc-server-3. 3. 3r2-47. rpm(图 3-2-3)。

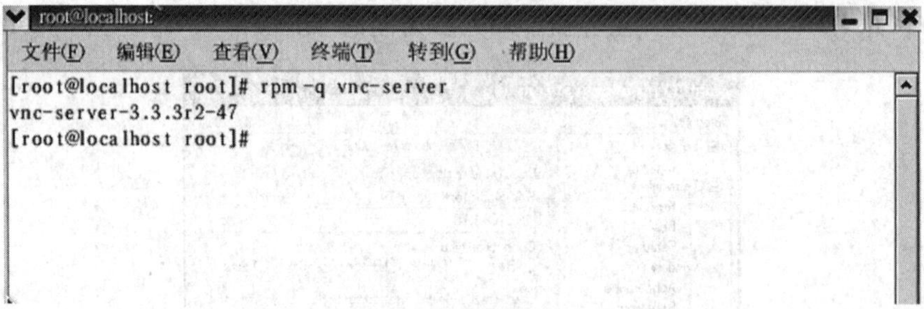

图 3-2-3　查看安装包

(2)使用 VNC Server：1 创建并启动编号为 1 的桌面，根据要求输入密码(图 3-2-4)。

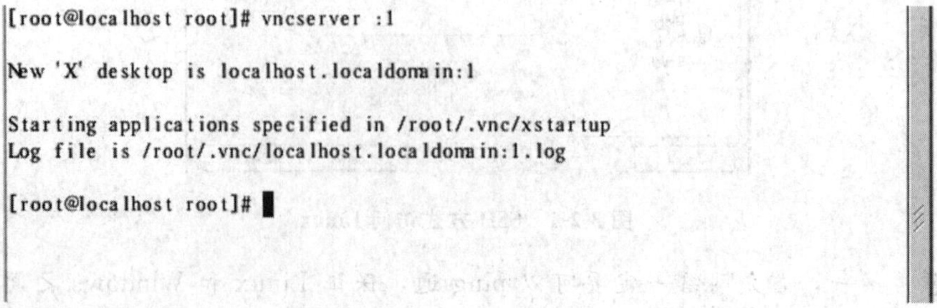
[root@localhost root]# vncserver :1
New 'X' desktop is localhost.localdomain:1
Starting applications specified in /root/.vnc/xstartup
Log file is /root/.vnc/localhost.localdomain:1.log
[root@localhost root]#

图 3-2-4　启动桌面

(3)使用命令 vi/root/. vnc/xstartup 打开 root 用户主目录下. vnc 子目录中的 xstartup 文件，修改最后一行的 twm，改为 session-manager(如果已经是 session-manager 就不用更改了)(图 3-2-5)。

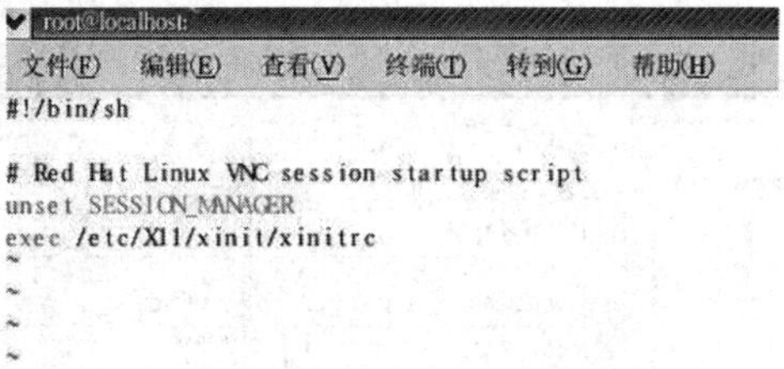

图 3-2-5 修改 xstartup 文件

(4)安装 Windows 下对应的 jdk 和 VNC 软件，启动 Windows VNC 服务，输入要访问的 Linux 的 IP 地址：1，单击 Connect(图 3-2-6)。

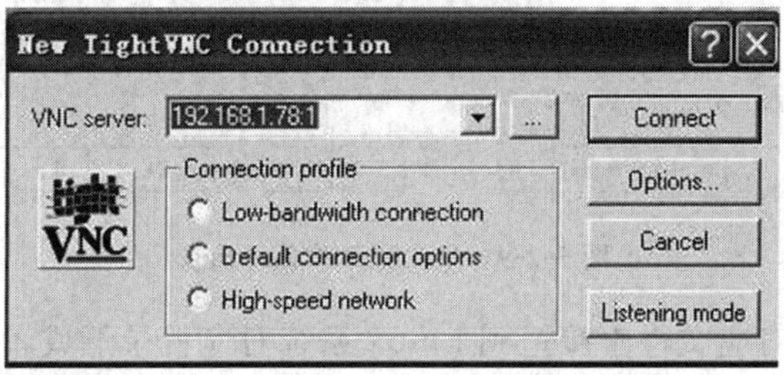

图 3-2-6 启动 VNC 软件

(5)输入密码，单击“OK”(图 3-2-7)。

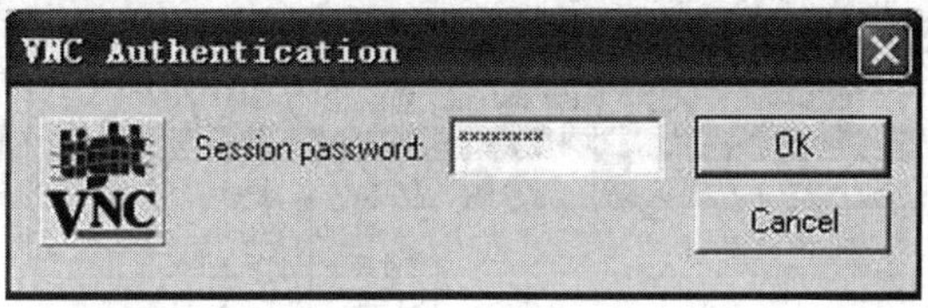

图 3-2-7 输入密码

(6)图形化访问 Linux(图 3-2-8)。

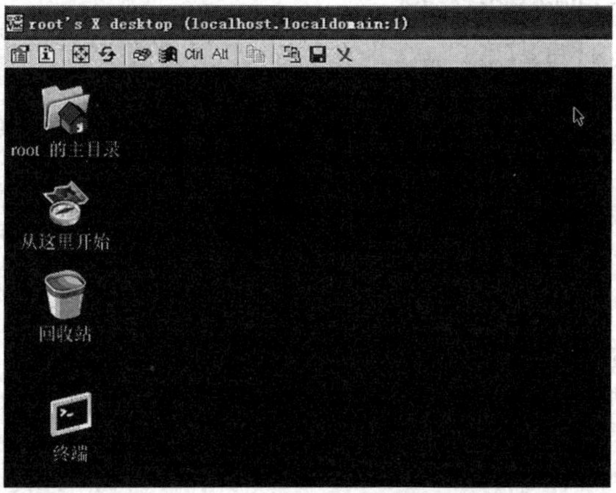

图 3-2-8 实现图形化访问 Linux

子任务 3：Windows 和 Linux 实现文件互传

【操作步骤】

(1)运行 Winscp，输入 LinuxIP 地址、用户名和密码，单击“Login”(图 3-2-9)。

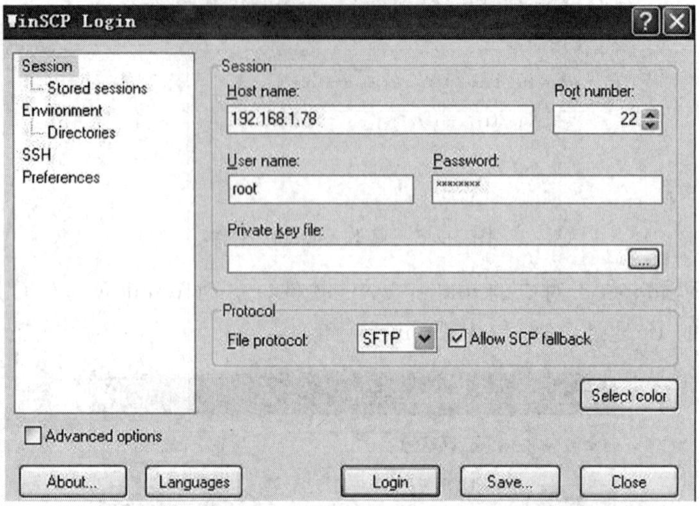

图 3-2-9　WinSCP 访问 Linux

(2)把 Windows 对应文件直接拖到 Linux 系统对应目录下或者 Linux 系统目录下文件拖到 Window 对应磁盘上即可(图 3-2-10)。

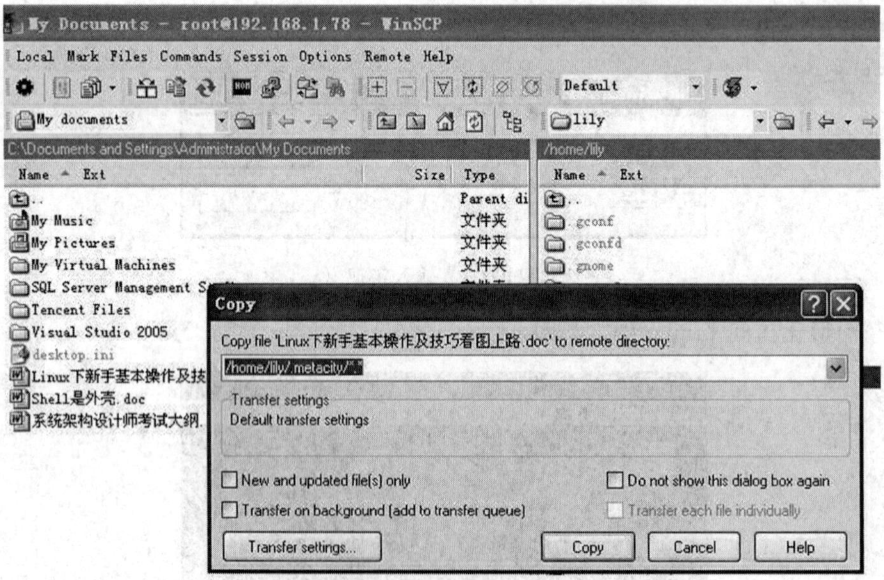

图 3-2-10　进行文件上传

(3)复制到 Linux 的文件(图 3-2-11)。

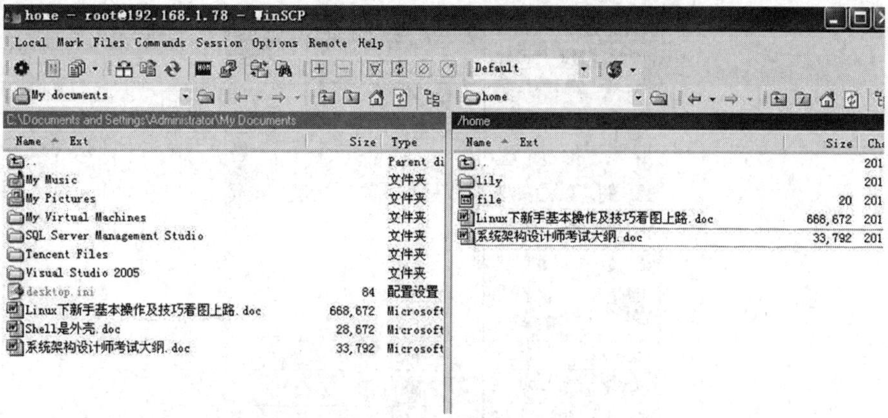

图 3-2-11　进行文件下载

5. 习题

(1)如何在 Windows 下实现图形化和字符方式访问 Linux?

(2)如何实现 Linux 系统和 Windows 系统的文件互传?

任务 3　使用 GIMP 制作静态图片

1. 相关知识

GIMP 的定义：GIMP 是 GNU 图像处理程序(GNU Image Manipulation Program)的缩写，是跨平台的图像处理程序。其包括几乎所有图像处理所需的功能，号称 Linux 下的 PhotoShop。GIMP 在 Linux 系统推出时就获得了许多绘图爱好者的喜爱，它的接口相当轻巧，但其功能却不输于专业的绘图软件；它提供了各种的影像处理工具、滤镜，还有许多的组件模块，对于要制作一个又酷又炫的网页按钮或网站 Logo 来说是一个非常方便好用的绘图软件，因为它也提供了许多的组件模块，你只要稍加修改一下，便可制作出一个属于你的网页按钮或网站 Logo。

2. 实训目标

(1)能用 The GIMP 进行图像处理。

(2)掌握图层操作方法。

(3)掌握基本的图片处理方法。

3. 实训内容

(1)在网上搜索 5 张奥运吉祥物图片，用这 5 张图片制作出奥运吉祥物全家福图案。

(2)制作动态图片。

4. 实训步骤及结果

子任务：使用 GIMP 制作静态福娃图片

【操作步骤】

(1)启动 The GIMP 并打开图像。

启动 The GIMP“应用程序”→“图像”→“The GIMP”，打开图像“文件”→“打开”(图 3-3-1)。

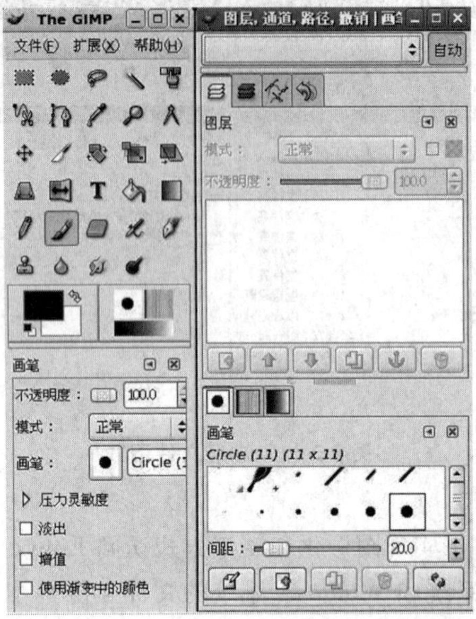

图 3-3-1　打开文件

(2)复制粘贴图层。

复制图层选中图片“福娃妮妮”，单击“选择邻近的区域”工具，单击图像空白区域，如图 3-3-2 所示。单击菜单栏“选择”→“反转”菜单项，选中反选区域，右击弹出快捷菜单，单击“编辑”→“复制”菜单项，如图 3-3-3 所示。粘贴图层右击主图片，“编辑”→“粘贴”。

图 3-3-2　选择工具图

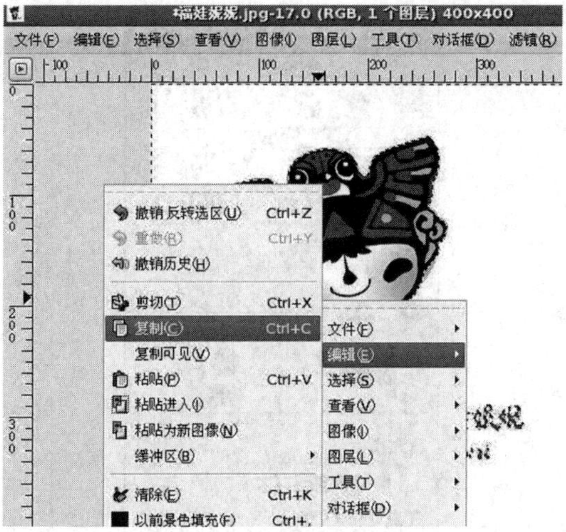

图 3-3-3 复制反选区域

(3)调整图层大小。

打开右侧的“图层，通道，路径”窗口，右击“浮动选区”弹出快捷菜单，单击“缩放图层”菜单项，在弹出的“缩放图层”对话框中“图层大小”的“宽度”文本框输入“400”，如图 3-3-4 所示。

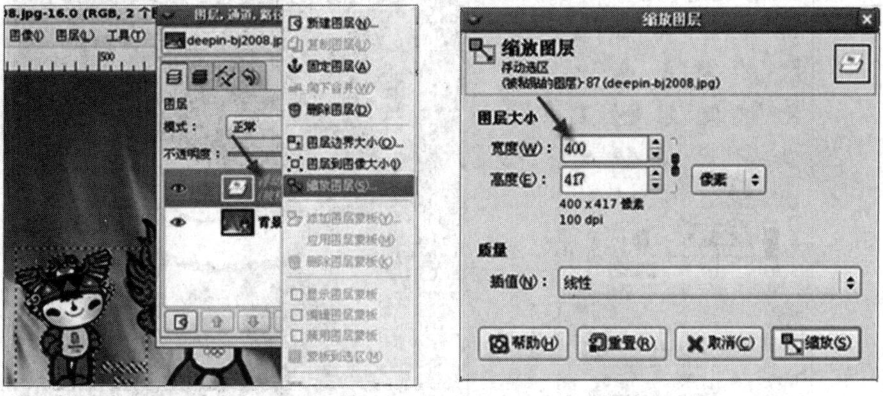

图 3-3-4 选择缩放图层

(4)图像边缘模糊处理。

放大图像选中“放大和缩小”工具，且在“放大镜”窗口中选择“放大”，如图 3-3-5 所示，单击图片使图片放大。

图像边缘模糊处理选中“模糊或锐化”工具，并且在“画笔”窗口中选择合适的大小，如图 3-3-6 所示。按住鼠标左键不放，对图像边缘进行模糊处理，如图 3-3-7 所示。

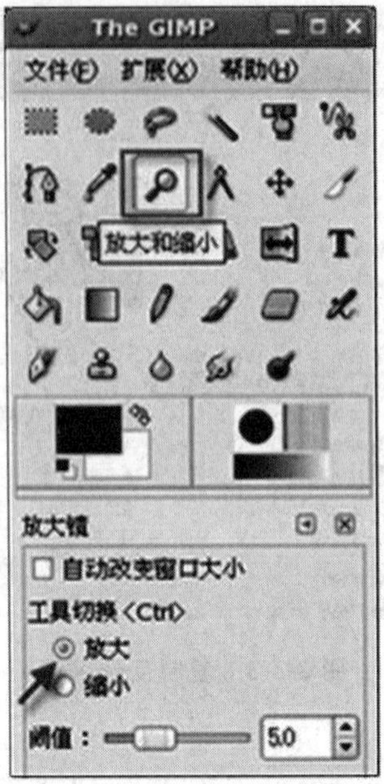

图 3-3-5　放大缩小图片

图 3-3-6　图像边缘模糊处理设置

图 3-3-7　图像边缘模糊处理效果

(5)处理其他吉祥物。

其他吉祥物的加入方法与上面介绍的方法相同，重复以上 4 步，分别处理“福娃贝贝”“福娃晶晶”“福娃迎迎”就可以完成吉祥物全家福图像。

5. 习题

(1)如何调整图层大小?

(2)如何进行图像边缘模糊处理?

(3)能否在 Linux 下安装并使用其他的图像处理软件?

项目四　Linux 下服务器的配置

知识目标

1. Linux 下 Apache 服务器的配置。
2. MySQL 服务器的配置和使用。
3. DNS 服务器的配置。
4. 电子邮件服务器的配置和使用。
5. FTP 服务器的设置。
6. Samba 服务器的配置。
7. Linux 下 JSP、PHP 环境配置。
8. 流媒体服务器的配置。
9. 图形化配置各种服务器。

任务 1　Apache 服务器的配置

1. 相关知识

Apache，一种开放源码的 HTTP 服务器，可以在大多数计算机操作系统中运行，由于其多平台和安全性被广泛使用，是最流行的 Web 服务器端软件之一。它快速、可靠并且可通过简单的 API 扩展，Perl/Python 等解释器可被编译到服务器中。

(1)检测是否已安装相应服务器。

- chkconfig--list |grep httpd：对 rpm 包安装的有效。

(2)rpm 包安装过程。

- rpm-ivh apache2. 0……. rpm(apache 的包名)：在有 apache rpm 包的目录。

(3)启动、停止、重启服务命令。

- service httpd start：启动。
- service httpd stop：停止。
- service httpd restart：重启。

(4)服务器的配置(修改哪些配置文件)。

默认安装就可以，安装完成以后就可以访问，http://localhost。

注意：关闭防火墙：service iptables stop。

2. 实训目标

(1)Apache 服务的使用。

(2)DNS 图形配置包的安装。

(3)DNS 服务器正向和反向配置。

3. 实训内容

(1)安装 WWW 软件。

(2)在图形化界面下配置 DNS 服务器。

(3)字符方式配置 DNS 服务器。

4. 实训步骤及结果

子任务 1：添加 WWW 服务

【操作步骤】

(1)添加删除软件包(图 4-1-1)。

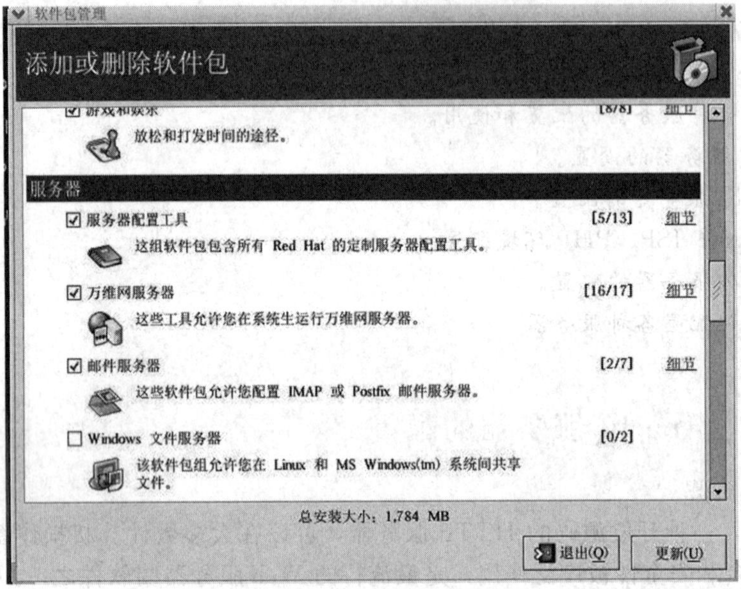

图 4-1-1　添加删除软件包

(2)提示更换光盘(图 4-1-2)。

图 4-1-2　提示更换光盘

(3)配置好后直接编辑/etc/httpd. conf 文件，设置/var/www/html/test 目录中所有网页文件只运行认证用户访问(前提：设置防火墙允许 WWW 服务通过)。

在/var/www/html 目录下新建 test 目录，并创建 index. html 文件(图 4-1-3)。

```
[root@localhost www]# cd /var
[root@localhost var]# cd www
[root@localhost www]# ls
cgi-bin  error  html  icons  manual  userpass
[root@localhost www]# cd html
[root@localhost html]# ls
usage
[root@localhost html]# mkdir test
[root@localhost html]#
```

```
[root@localhost var]# cd /etc/httpd
[root@localhost httpd]# ls
conf  conf.d  logs  modules  run
[root@localhost httpd]# cd conf
[root@localhost conf]# ls
httpd.conf  magic  Makefile  ssl.crl  ssl.crt  ssl.csr  ssl.key  ssl
[root@localhost conf]#
```

图 4-1-3　创建 test 目录

(4)创建 index. html 文件(图 4-1-4)。

```
root@localhost:/var/www/html/test
文件(F)  编辑(E)  查看(V)  终端(T)  转到(G)  帮助(H)
<html>
<head><title>hello world!</title></head>
<body>how are you !<br>
fine thank you ! and you!</body></html>
~
~
~
```

图 4-1-4　创建 index. html 文件

(5)编辑 httpd. conf 文件，添加如图 4-1-5 所示内容，进入 conf 目录。

```
<Directory "/var/www/html/test">
AllowOverride None
AuthName "share web"
AuthType Basic
AuthUserFile /var/www/userpass
require valid-user
</DIrectory>
-- 插入 --                                  1042,19        底端
```

图 4-1-5　编辑 httpd. conf 文件

子任务 2：根据 httpd. conf 的设置内容，创建 Apache 的认证用户文件/var/www/userpass，并设置多名用户为认证用户

【操作步骤】

(1)将 lily(自己的名字)设置为认证用户，认证用户文件为/var/www/userpass 尚未创建(图 4-1-6)。

```
[root@localhost root]# htpasswd -c /var/www/userpass liy
New password:
Re-type new password:
Adding password for user liy
[root@localhost root]#
```

图 4-1-6　设置认证用户

(2)新建一个用户(sunhuidong)设置为认证用户，认证用户文件为/var/www/userpass 已存在(图 4-1-7)

```
[root@localhost root]# useradd sunhuidong
[root@localhost root]# htpasswd /var/www/userpass sunhuidong
New password:
Re-type new password:
Adding password for user sunhuidong
[root@localhost root]#
```

图 4-1-7　新建认证用户

(3)修改认证用户 sunhuidong 的口令，认证用户文件为/var/www/userpass(图 4-1-8)。

```
[root@localhost root]# htpasswd /var/www/userpass sunhuidong
New password:
Re-type new password:
Updating password for user sunhuidong
[root@localhost root]#
```

图 4-1-8　修改用户口令

(4)查看认证文件(图 4-1-9)。

```
liy:n3pkWE7A37Gk2
sunhuidong:1H3GTNWZVBUhs
~
~
```

图 4-1-9　查看认证文件

(5)重启 Apache 服务(图 4-1-10)。

```
[root@localhost conf]# vi httpd.conf
[root@localhost conf]# service httpd restart
停止 httpd:                                              [失败]
启动 httpd:                                              [  确定  ]
[root@localhost conf]#
```

图 4-1-10　重启 Apache 服务

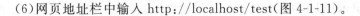

(6)网页地址栏中输入 http://localhost/test(图 4-1-11)。

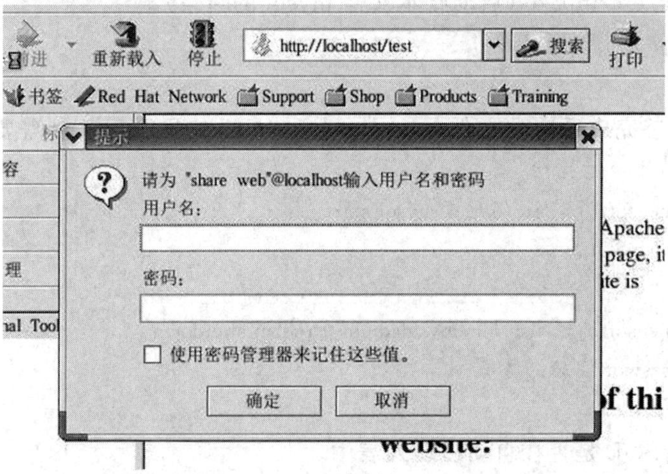

图 4-1-11　地址栏中测试

(7)输入用户名和密码(图 4-1-12)。

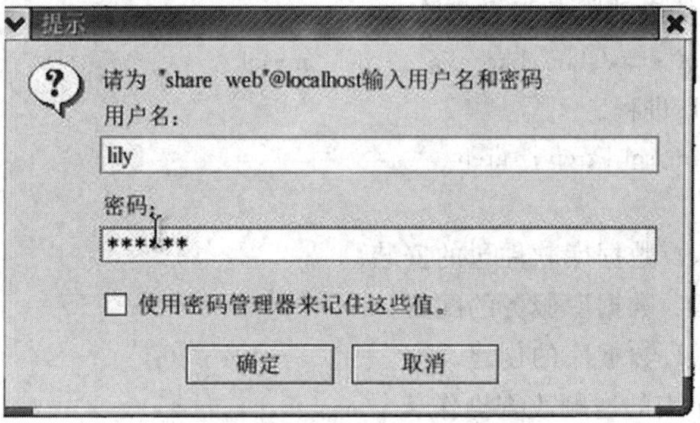

图 4-1-12　输入用户名和密码

5. 习题

建立 Web 服务器，并根据以下要求配置 Web 服务器：

(1)设置主目录的路径为/var/www/web。

(2)添加 index. jsp 文件作为默认文档。

(3)设置 Apache 监听的端口号为 8888。

(4)设置默认字符集为 GB2312。

任务 2　MySQL 服务的使用

1. 相关知识

(1)MySQL 的有以下几个重要目录：

①数据库目录/var/lib/mysql/。

②配置文件/usr/share/mysql(mysql. server 命令及配置文件)。

③相关命令/usr/bin(mysqladmin mysqldump 等命令)。

④启动脚本/etc/init.d/(启动脚本文件 mysql 的目录)。

(2)启动与停止。

①启动。

MySQL 安装完成后启动文件 mysql 在/etc/init. d 目录下，在需要启动时运行下面命令即可：

```
[root@neusoft/]#/etc/init.d/mysql start
Starting MySQL..
```

②停止。

```
[root@neusoft/]#/usr/bin/mysqladmin-u root-p shutdown
Enter password:(输入密码)
```

③自动启动。

a. 查看 MySQL 是否在自动启动列表中。

```
[root@neusoft/]#/sbin/chkconfig -list
```

b. 把 MySQL 添加到系统的启动服务组里。

```
[root@neusoft/]#/sbin/chkconfig  - add  mysql
```

c. 把 MySQL 从启动服务组里删除。

```
[root@neusoft/]#/sbin/chkconfig  - del  mysql
```

④查看 MySQL 进程。

```
ps -ef |grep mysql |grep -v grep
```

2. 实训目标

(1)掌握 MySQL 数据库软件包的安装。

(2)掌握 MySQL 数据库服务的配置。

(3)掌握 MySQL 数据库的创建。

(4)掌握数据库表的增删改查操作。

(5)掌握创建表的同时创建索引。

(6)掌握用户的创建和删除。

(7)掌握用户权限的设置。

3. 实训内容

(1)数据库的安装和使用。

(2)数据库中表的创建、复制、删除和修改。

(3)表中数据的插入、删除和修改。

(4)创建一个选课课程表 course。

(5)向已存在的表添加索引。

(6)查看数据库 MySQL 中表 user 前 3 个字段的内容。

4. 实训步骤及结果

子任务 1：数据库的安装和使用

【操作步骤】

(1)系统设置→添加和删除应用程序→SQL 软件包(图 4-2-1)。

```
[root@localhost root]# rpm -qa | grep mysql
mysql-server-3.23.54a-11
mysql-3.23.54a-11
```

图 4-2-1 打开 SQL 软件包

(2)修改管理员口令(图 4-2-2)。

```
[root@localhost root]# mysqladmin -u root password 123456
[root@localhost root]# mysql -u root -p
Enter password:
Welcome to the MySQL monitor.  Commands end with ; or \g.
Your MySQL connection id is 4 to server version: 3.23.54

Type 'help;' or '\h' for help. Type '\c' to clear the buffer.

mysql>

[root@localhost root]# mysql
Welcome to the MySQL monitor.  Commands end with ; or \g.
Your MySQL connection id is 2 to server version: 3.23.54

Type 'help;' or '\h' for help. Type '\c' to clear the buffer.

mysql> quit
Bye
```

图 4-2-2 修改管理员口令

(3)创建数据库(图 4-2-3)。

```
mysql> create database wangluo;
Query OK, 1 row affected (0.00 sec)
```

图 4-2-3 创建数据库

(4)数据库保存在/var/lib/mysql 目录下。

(5)显示已有数据库(图 4-2-4)。

```
mysql> show databases;
+----------+
| Database |
+----------+
| gong     |
| mysql    |
| test     |
| wangluo  |
+----------+
4 rows in set (0.01 sec)
```

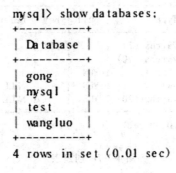

图 4-2-4 显示已有数据库

(6)使用数据库(图 4-2-5)。

```
mysql> use wangluo;
Database changed
```

图 4-2-5 使用数据库

(7)删除数据库(图 4-2-6)。

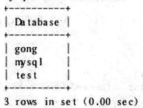

```
mysql> drop database wangluo;
Query OK, 0 rows affected (0.00 sec)

mysql> show databases;
+----------+
| Database |
+----------+
| gong     |
| mysql    |
| test     |
+----------+
3 rows in set (0.00 sec)
```

图 4-2-6 删除数据库

子任务 2：数据库中表的创建、复制、删除和修改

【操作步骤】

(1)创建表，表名为 student(图 4-2-7)。

```
mysql> create table student(
    -> sno varchar(7) not null,
    -> sname varchar(20) not null,
    -> ssex char(1) default 't',
    -> sbirthday date,
    -> sdepa char(20),
    -> primary key (sno)
    -> );
Query OK, 0 rows affected (0.00 sec)

mysql> describe student;
+-----------+-------------+------+-----+---------+-------+
| Field     | Type        | Null | Key | Default | Extra |
+-----------+-------------+------+-----+---------+-------+
| sno       | varchar(7)  |      | PRI |         |       |
| sname     | varchar(20) |      |     |         |       |
| ssex      | char(1)     | YES  |     | t       |       |
| sbirthday | date        | YES  |     | NULL    |       |
| sdepa     | varchar(20) | YES  |     | NULL    |       |
+-----------+-------------+------+-----+---------+-------+
5 rows in set (0.00 sec)
```

图 4-2-7 创建表

(2)复制表(图 4-2-8)。

```
mysql> create table xs select * from student;
Query OK, 0 rows affected (0.00 sec)
Records: 0  Duplicates: 0  Warnings: 0

mysql> show tables;
+-------------------+
| Tables_in_wangluo |
+-------------------+
| student           |
| xs                |
+-------------------+
2 rows in set (0.00 sec)
```

图 4-2-8　复制表

(3)删除表(4-2-9)。

```
mysql> drop table xs;
Query OK, 0 rows affected (0.00 sec)

mysql> show tables;
+-------------------+
| Tables_in_wangluo |
+-------------------+
| student           |
+-------------------+
1 row in set (0.00 sec)
```

图 4-2-9　删除表

(4)修改表。

①表中增加 saddress 字段(图 4-2-10)。

```
mysql> alter table student change saddress sremark text;
Query OK, 0 rows affected (0.01 sec)
Records: 0  Duplicates: 0  Warnings: 0

mysql> describe student;
+-----------+-------------+------+-----+---------+-------+
| Field     | Type        | Null | Key | Default | Extra |
+-----------+-------------+------+-----+---------+-------+
| sno       | varchar(7)  |      | PRI |         |       |
| sname     | varchar(20) |      |     |         |       |
| ssex      | char(1)     | YES  |     | t       |       |
| sbirthday | date        | YES  |     | NULL    |       |
| sdepa     | varchar(20) | YES  |     | NULL    |       |
| sremark   | text        | YES  |     | NULL    |       |
+-----------+-------------+------+-----+---------+-------+
6 rows in set (0.00 sec)
```

图 4-2-10　表中增加 saddress 字段

②改变字段(4-2-11)。

```
mysql> alter table student add saddress varchar(25);
Query OK, 0 rows affected (0.00 sec)
Records: 0  Duplicates: 0  Warnings: 0

mysql> describe student;
+-----------+-------------+------+-----+---------+-------+
| Field     | Type        | Null | Key | Default | Extra |
+-----------+-------------+------+-----+---------+-------+
| sno       | varchar(7)  |      | PRI |         |       |
| sname     | varchar(20) |      |     |         |       |
| ssex      | char(1)     | YES  |     | t       |       |
| sbirthday | date        | YES  |     | NULL    |       |
| sdepa     | varchar(20) | YES  |     | NULL    |       |
| saddress  | varchar(25) | YES  |     | NULL    |       |
+-----------+-------------+------+-----+---------+-------+
6 rows in set (0.00 sec)
```

图 4-2-11　改变字段

③删除字段(图 4-2-12)。

```
mysql> alter table student drop sremark;
Query OK, 0 rows affected (0.00 sec)
Records: 0  Duplicates: 0  Warnings: 0

mysql> describe student;
+-----------+-------------+------+-----+---------+-------+
| Field     | Type        | Null | Key | Default | Extra |
+-----------+-------------+------+-----+---------+-------+
| sno       | varchar(7)  |      | PRI |         |       |
| sname     | varchar(20) |      |     |         |       |
| ssex      | char(1)     | YES  |     | t       |       |
| sbirthday | date        | YES  |     | NULL    |       |
| sdepa     | varchar(20) | YES  |     | NULL    |       |
+-----------+-------------+------+-----+---------+-------+
5 rows in set (0.00 sec)
```

图 4-2-12　删除字段

(5)更改表名称(图 4-2-13)。

```
mysql> alter table student rename to xs;
Query OK, 0 rows affected (0.00 sec)

mysql> show tables;
+--------------------+
| Tables_in_wangluo  |
+--------------------+
| xs                 |
+--------------------+
1 row in set (0.01 sec)
```

图 4-2-13　更改表名称

(6)表中数据的插入、删除和修改。

①表中插入记录(图 4-2-14)。

```
mysql> insert into student(sno,sname,ssex,sbirthday,sdepa)
    -> values('0603001','liu tao', 't',19870101,'xinxi');
Query OK, 1 row affected (0.00 sec)

mysql> select * from student;
+---------+---------+------+------------+-------+
| sno     | sname   | ssex | sbirthday  | sdepa |
+---------+---------+------+------------+-------+
| 0603001 | liu tao | t    | 1987-01-01 | xinxi |
+---------+---------+------+------------+-------+
1 row in set (0.00 sec)

mysql> insert into student values ('06030002','zhang lin','f',19880501,'xinxi');
Query OK, 1 row affected (0.00 sec)

mysql> select * from student;
+---------+-----------+------+------------+-------+
| sno     | sname     | ssex | sbirthday  | sdepa |
+---------+-----------+------+------------+-------+
| 0603001 | liu tao   | t    | 1987-01-01 | xinxi |
| 0603000 | zhang lin | f    | 1988-05-01 | xinxi |
+---------+-----------+------+------------+-------+
2 rows in set (0.00 sec)
```

图 4-2-14　表中插入记录

②表中删除记录(图 4-2-15)。

```
mysql> delete from student where sno='0603000';
Query OK, 1 row affected (0.00 sec)

mysql> select * from student;
+---------+---------+------+------------+-------+
| sno     | sname   | ssex | sbirthday  | sdepa |
+---------+---------+------+------------+-------+
| 0603001 | liu tao | t    | 1987-01-01 | xinxi |
+---------+---------+------+------------+-------+
1 row in set (0.00 sec)
```

图 4-2-15　表中删除记录

③表中修改记录(图 4-2-16)。

```
mysql> update student set sbirthday=19871010,sdepa='wangluo' where sno='0603001
';
Query OK, 1 row affected (0.00 sec)
Rows matched: 1  Changed: 1  Warnings: 0

mysql> select * from student;
+---------+---------+------+------------+---------+
| sno     | sname   | ssex | sbirthday  | sdepa   |
+---------+---------+------+------------+---------+
| 0603001 | liu tao | t    | 1987-10-10 | wangluo |
+---------+---------+------+------------+---------+
1 row in set (0.00 sec)
```

图 4-2-16　表中修改记录

子任务 3：创建表的同时创建索引

【操作步骤】

(1)创建一个选课课程表 course，将课程编号 cno 字段定义为主键，同时为课程名称 cname 字段创建一个名为 cna 的索引(图 4-2-17)。

```
mysql> use zhang;
Database changed
mysql> create table course(
    ->      cno varchar(5) not null,
    ->      cname varchar(30) not null,
    ->      teacher varchar(20),
    ->       primary key(cno),
    ->       index cna(cname)
    ->     );
Query OK, 0 rows affected (0.00 sec)
```

图 4-2-17　创建一个选课课程表 course

(2)如果将子句 indexcan(cname)改为 unique(cname)，则创建的是 UNIQUE 索引(图 4-2-18)，该索引要求索引字段中的值必须是唯一的，若向表中插入一个与现有记录中该字段值相同的记录，则会失败。

```
mysql> create table course(
    -> cno varchar(5) not null,
    -> cname varchar(30) not null,
    -> teacher varchar(20),
    -> primary key(cno),
    -> unique (cname)
    -> );
Query OK, 0 rows affected (0.00 sec)

mysql> insert into course values('1001','English','Pan lin');
Query OK, 1 row affected (0.01 sec)

mysql> insert into course values('1002','English','Wang Mei');
ERROR 1062: Duplicate entry 'English' for key 2
```

图 4-2-18　创建 UNIQUE 索引

(3)向已存在的表添加索引(图 4-2-19)。

```
mysql> create index sna on student(sname);
Query OK, 0 rows affected (0.00 sec)
Records: 0  Duplicates: 0  Warnings: 0
```

图 4-2-19　向已存在的表添加索引

(4)删除索引(图 4-2-20)。

```
mysql> drop index sna on student;
Query OK, 0 rows affected (0.00 sec)
Records: 0  Duplicates: 0  Warnings: 0
```

图 4-2-20　删除索引

子任务 4：用户的创建和删除

【操作步骤】

(1)查看数据库 MySQL 中表 user 的前 3 个字段的内容，可使用下面的命令(图 4-2-21)。

```
mysql> select host, user,password,select_priv from mysql.user;
+-----------------------+------+------------------+-------------+
| host                  | user | password         | select_priv |
+-----------------------+------+------------------+-------------+
| localhost             | root | 5fcc735428e45938 | Y           |
| localhost.localdomain | root |                  | Y           |
| localhost             |      |                  | N           |
| localhost.localdomain |      |                  | N           |
+-----------------------+------+------------------+-------------+
4 rows in set (0.00 sec)
```

图 4-2-21　查看表 user 的前 3 个字段的内容

注意：如果是已经使用的 MySQL 数据库，可使用下面的命令。

```
mysql> use mysql;
Database changed
mysql> select host, user,password,select_priv from user;
+-----------------------+------+------------------+-------------+
| host                  | user | password         | select_priv |
+-----------------------+------+------------------+-------------+
| localhost             | root | 5fcc735428e45938 | Y           |
| localhost.localdomain | root |                  | Y           |
| localhost             |      |                  | N           |
| localhost.localdomain |      |                  | N           |
+-----------------------+------+------------------+-------------+
4 rows in set (0.00 sec)
```

(2)要查看数据库 MySQL 中表 db 的前 4 个字段的内容，可使用下面的命令(图 4-2-22)。

```
mysql> select host,db,user,select_priv from db;
+------+---------+------+-------------+
| host | db      | user | select_priv |
+------+---------+------+-------------+
| %    | test    |      | Y           |
| %    | test\_% |      | Y           |
+------+---------+------+-------------+
2 rows in set (0.00 sec)
```

图 4-2-22　查看表 db 的前 4 个字段的内容

从表中可以看出表 db 定义了任何用户都可以从任何主机访问数据库 test，或者以 test 开头的数据库，并且对数据拥有完全的访问权限。

(3)创建新用户 guest，并为它设置密码，同时允许它从任何的主机连接到数据库服务器，可使用下面的命令实现(图 4-2-23)。

```
mysql> insert into mysql.user(host,user,password)
    -> values('%','guest',password('guest'));
Query OK, 1 row affected (0.09 sec)
```

图 4-2-23　创建新用户 guest

①重载 MySQL 授权表，可使用下面的命令(图 4-2-24)。

```
mysql> flush privileges;
Query OK, 0 rows affected (0.00 sec)

mysql>
```

图 4-2-24　重载 MySQL 授权表

②删除用户 guest，可使用下面的命令(图 4-2-25)。

```
mysql> delete from mysql.user where user='guest';
Query OK, 1 row affected (0.00 sec)
```

图 4-2-25　删除用户 guest

③更改用户密码，可使用下面的命令(图 4-2-26)。

```
mysql> update mysql.user set password=password('123456')
    -> where user='guest';
Query OK, 0 rows affected (0.00 sec)
Rows matched: 0  Changed: 0  Warnings: 0
```

图 4-2-26　更改用户密码

子任务 5：用户权限的设置

【操作步骤】

(1)使用 GRANT 语句授权。

(2)授予用户不同级别的访问权限：新建一个用户 tom，让它能从子网 192.168.16.0 中的任何主机连接到数据库服务器，并能读取数据库 xsxk 的内容，还能够修改 course 中字段 teacher 的值，可以使用下面的命令(图 4-2-27)。

```
mysql> grant select on xsxk.* to tom@'192.168.16.%' identified by '123456';
Query OK, 0 rows affected (0.00 sec)

mysql> grant update(teacher) on xsxk.course to tom@'192.168.16.%';
Query OK, 0 rows affected (0.00 sec)
```

图 4-2-27　授予用户不同级别的访问权限

浏览 MySQL 的各个授权表，看上面两条命令究竟做了什么。

①使用下面的命令来查看 mysql. user 表中与用户 tom 有关的记录(图 4-2-28)。

```
mysql> select host,user,password,select_priv from mysql.user where user='tom';
+--------------+------+------------------+-------------+
| host         | user | password         | select_priv |
+--------------+------+------------------+-------------+
| 192.168.16.% | tom  | 565491d704013245 | N           |
+--------------+------+------------------+-------------+
1 row in set (0.04 sec)
```

图 4-2-28 查看 mysql. user 表中与用户 tom 有关的记录

②使用下面的命令来查看 mysql. db 表中与用户 tom 有关的记录(图 4-2-29)。

```
mysql> select host,db,user,select_priv,insert_priv from mysql.db where user='tom
';
+--------------+-------+------+-------------+-------------+
| host         | db    | user | select_priv | insert_priv |
+--------------+-------+------+-------------+-------------+
| 192.168.16.% | mysql | tom  | Y           | N           |
| 192.168.16.% | xsxk  | tom  | Y           | N           |
+--------------+-------+------+-------------+-------------+
```

图 4-2-29 查看 mysql. db 表中与用户 tom 有关的记录

③使用下面的命令来查看 mysql. host 表中的内容(图 4-2-30)。

```
mysql> select * from mysql.host;
Empty set (0.00 sec)
```

图 4-2-30 查看 mysql. host 表中的内容

④使用下面的命令来查看 mysql. tables_priv 表中的内容(图 4-2-31)。

```
mysql> select db,user,table_name,table_priv colum_priv from mysql.tables_priv;
+------+------+------------+------------+
| db   | user | table_name | colum_priv |
+------+------+------------+------------+
| xsxk | tom  | course     |            |
+------+------+------------+------------+
1 row in set (0.00 sec)
```

图 4-2-31 查看 mysql. tables_priv 表中的内容

⑤使用下面的命令来查看 mysql. columns_priv 中的内容(图 4-2-32)。

```
mysql> select db,user,table_name,colum_name colum_priv from mysql.colums_priv;
+------+------+------------+-------------+
| db   | user | table_name | colum_priv  |
+------+------+------------+-------------+
| xsxk | tom  | course     | teacher     |
+------+------+------------+-------------+
1 row in set (0.00 sec)
```

图 4-2-32 查看 mysql. columns_priv 中的内容

(3)授予用户管理权限的权利(图 4-2-33)。

```
mysql> grant all on xsxk.* to admin@localhost identified by '111111' with grant option;
Query OK, 0 rows affected (0.00 sec)
```

图 4-2-33 授予用户管理权限的权利

(4)使用下面命令检查用户 admin@localhost 的权限(图 4-2-34)。

```
mysql> show grants for admin@localhost;
+-----------------------------------------------------------------------------------------+
| Grants for admin@localhost                                                              |
+-----------------------------------------------------------------------------------------+
| GRANT USAGE ON *.* TO 'admin'@'localhost' IDENTIFIED BY PASSWORD '5fcc735428e45938'     |
| GRANT ALL PRIVILEGES ON `xsxk`.* TO 'admin'@'localhost' WITH GRANT OPTION               |
+-----------------------------------------------------------------------------------------+
2 rows in set (0.01 sec)
```

图 4-2-34 检查用户 admin@localhost 的权限

(5)使用 revoke 语句撤权(图 4-2-35)。

```
mysql> revoke create,drop on xsxk.* from admin@localhost;
Query OK, 0 rows affected (0.00 sec)

mysql> revoke grant option on xsxk.* from admin@localhost;
Query OK, 0 rows affected (0.00 sec)
```

图 4-2-35 使用 revoke 语句撤权

5. 习题

(1)创建数据库的命令是什么?

(2)如何创建一个表?

(3)如何添加表数据?

任务 3 图形化设置数据库

1. 相关知识

目前，架设动态 Web 站点比较流行的是采用 Linux 下的 Apache＋MySQL＋PHP(简称 LAMP)组合方案，即用 Apache 作为 Web 服务器，MySQL 充当后台管理数据库，用 PHP 开发 Web 程序。采用这种组合方案开发和架设 Web 站点，具有免版权费用、系统效率高、灵活、可扩展、稳定和高效安全等优点，只是在站点的架设、升级和维护上有一定的难度，为解决这个问题，Tobias Ratschiller 开发了一套用于管理 MySQL 数据库的开发源代码的工具——phpMyAdmin。目前，phpMyAdmin 已经可以很方便完成大部分 MySQL 数据库管理员需要完成的工作，主要包括：创建和删除数据库，创建、复制删除和修改表，删除编辑添加字段；执行任何 SQL 语句，包括批查询，管理字段中的键值；将文本文件输入到表，备份和恢复表；导入导出逗号分隔方式的表格。

2. 实训目标

(1)熟练掌握图形化设置数据库服务器。

(2)掌握使用各种方式启动和停止 MySQL 服务。

3. 实训内容

(1)安装 MySQL 数据库。

(2)安装万维网服务器选中与 PHP 相关的所有服务 PHP-MySQL。

4. 实训步骤及结果

子任务 1：创建和配置数据库

【操作步骤】

(1)首先配置网络，确保内外网络可以连通，开启虚拟机的网络，设置虚拟机的网络连接方式为 host-only，配置网络地址：Ifconfig eth0 192.168.137.66，利用 ping 192.168.137.1 测试网络是否连通(图 4-3-1、图 4-3-2)。

图 4-3-1　设置网络

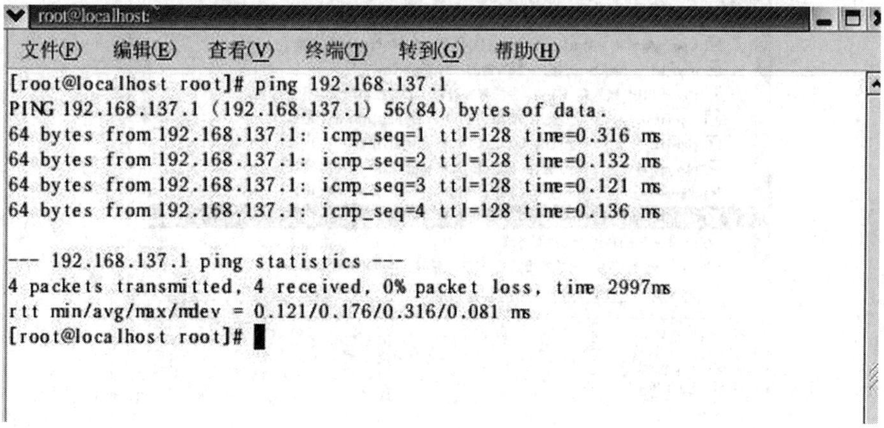

图 4-3-2　进行网络测试

(2)设置安全级别为无防火墙(图 4-3-3)。

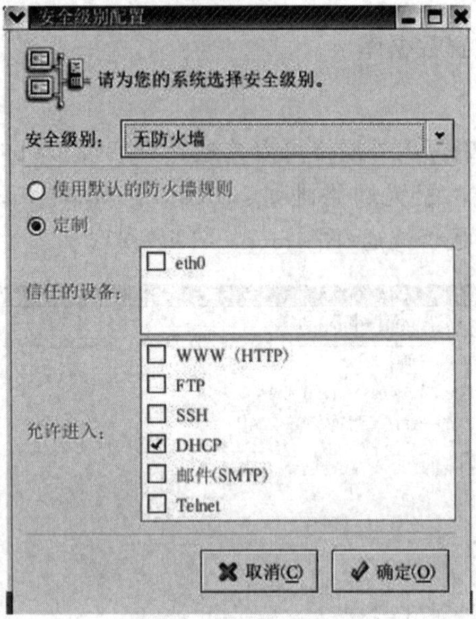

图 4-3-3　设置防火墙级别

(3)安装万维网服务器选中与 PHP 相关的所有服务 PHP-MySQL 等，启动 httpd 服务，在服务中启动或者(/etc/init. d/httpd start)方式启动，浏览器中输入 http://localhost 查看是否安装成功(图 4-3-4)。

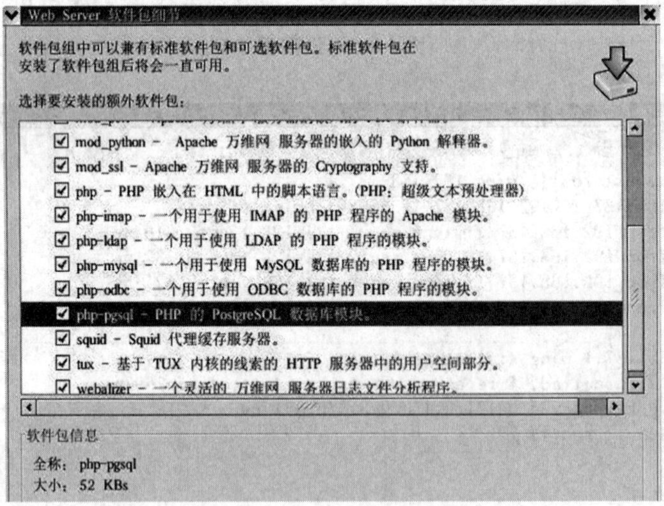

图 4-3-4　添加 PHP 服务

(4)安装 MySQL 数据库(图 4-3-5)。

(5)启动和停止 MySQL 服务(图 4-3-6)。

①第一种启动方式：/etc/init. d/mysqld start

- 停止 MySQL 服务：/etc/init. d/mysqld stop
- 重启 MySQL 服务：/etc/init. d/mysqld restart

②第二种启动方式：自动启动 MySQL 服务

ntsysv mysqld *

③第三种启动方式：系统工具→在服务中启动 MySQL

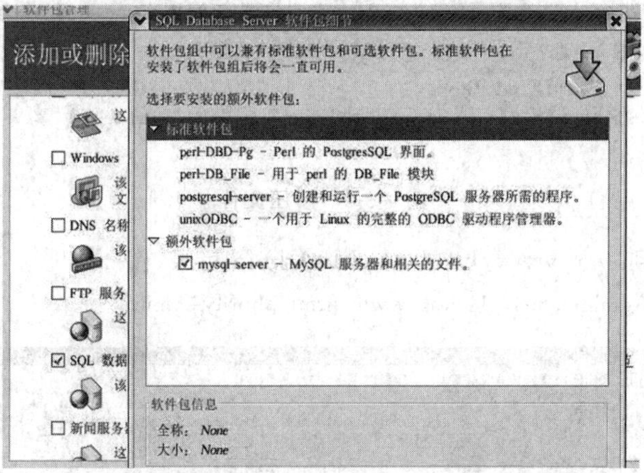

图 4-3-5　安装 MySQL 数据库

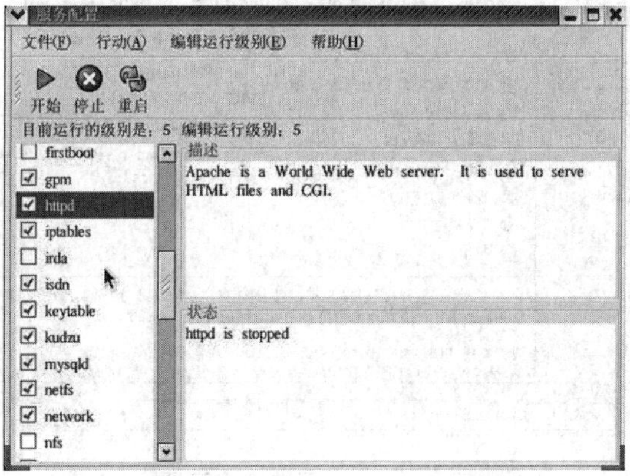

图 4-3-6　启动和停止 MySQL 服务

(6)利用 WinSCP 下载 phpMyAdmin-2. 6. 4-pl1. tar. gz(图 4-3-7)。

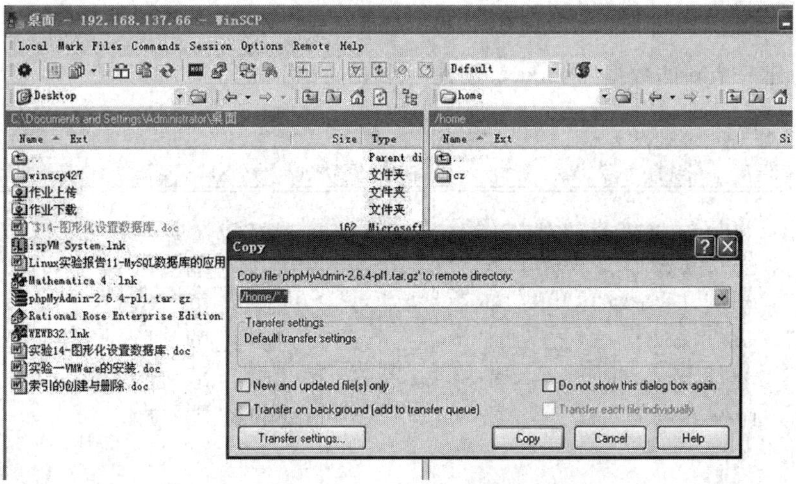

图 4-3-7　下载 phpMyAdmin 软件

(7)安装 phpMyAdmin(图 4-3-8)。

tar xvzf phpMyAdmin-2. 6. 4-p11. tar. gz

图 4-3-8 解压文件

(8)移动文件到/var/www/html/phpMyAdmin 目录(图 4-3-9)。

mv phpMyAdmin-2. 6. 4-p11/var/www/html/phpMyAdmin

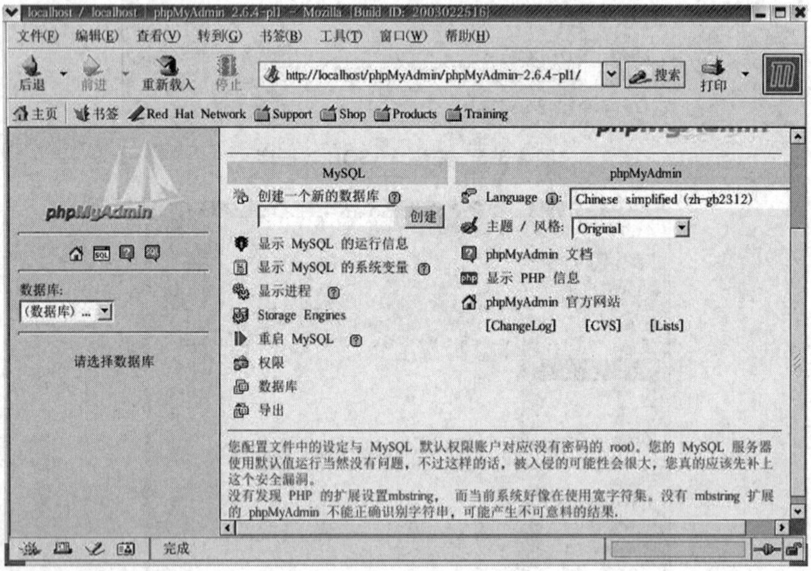

图 4-3-9 查看数据库配置

查看图形化配置数据库是否成功：http://localhost/phpMyAdmin。

子任务 2：创建和删除数据库和表

【操作步骤】

(1)创建一个新的数据库 xsxk，创建一个表 student(图 4-3-10)。

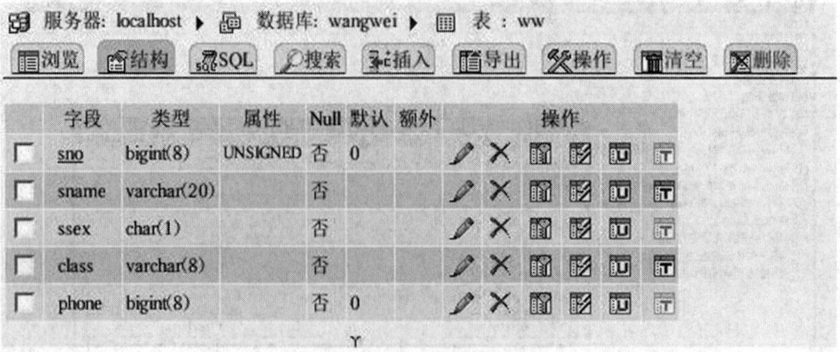

图 4-3-10 创建数据库和表

(2)表中数据的插入、删除和修改(图 4-3-11)。

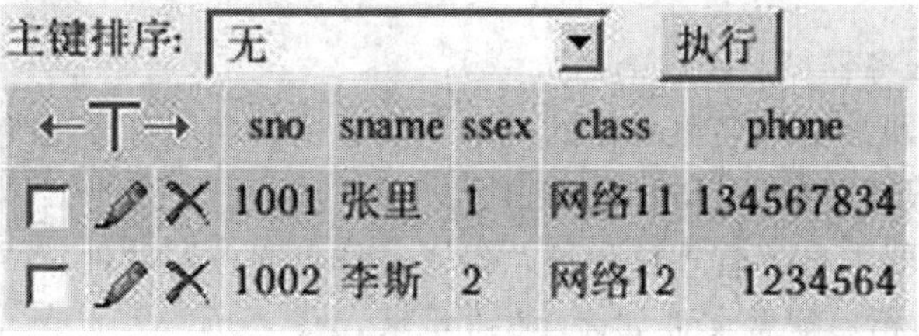

图 4-3-11　数据插入

(3)SQL 查询结果(图 4-3-12)。

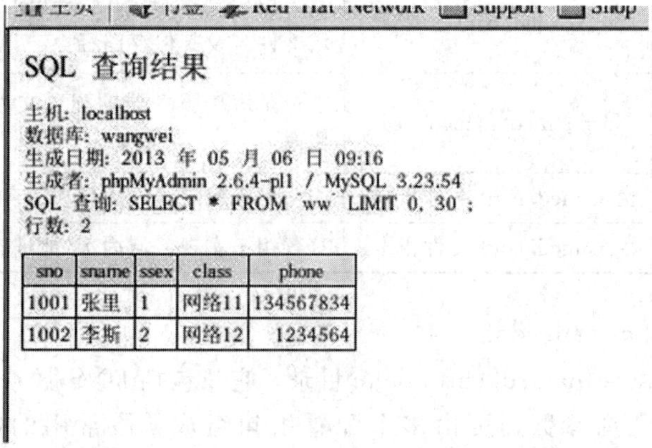

图 4-3-12　查询结果

5. 习题

架设一台 MySQL 数据库服务器，并按照下面的要求进行操作：

(1)建立一个数据库，在改数据库中建立一个至少包含 5 个字段的数据表，并为数据表添加至少 10 条记录；

(2)试完成对数据库、表及记录的各项编辑工作；

(3)为数据库创建各类用户，并为它们设置适当的访问权限任务。

任务 4　DNS 服务器的配置

1. 相关知识

域名服务器(Domain Name Server)是 TCP/IP 网络中极其重要的网络服务，它实现域名与 IP 地址之间的转换功能。

域名系统采用分布式数据系统结构，主要由三个部分组成：

• 域名空间：结构化的域名层次结构和相应的数据。

• 域名服务器：以区域为单位管理指定域名空间中的服务器数据，并负责其控制范围内所有主机的域名解析请求。

• 解析器：负责向域名服务器提交解析请求。

(1)主域名服务器(Master Server)。

主域名服务器从管理员创建的本地磁盘文件中加载域信息，是特定域中权威性的信息源。

(2)辅助域名服务器(Slave Server)。

辅助域名服务器是主域名服务器的备份，具有主域名服务器的绝大部分功能。

(3)缓存域名服务器(Caching Server)。

缓存域名服务器本身不管理任何域，仅运行域名服务器软件。

DNS 服务器的相关配置文件如表 4-3-1 所示。

表 4-3-1　DNS 服务器的相关配置文件

文件选项	文件名	说　明
主配置文件	/etc/named. conf	用于设置 DNS 服务器的全局参数，并指定区域文件名及其保存路径
根服务器信息文件	/var/named/named. ca	是缓存服务器的配置文件，通常不需要手工修改
正向区域文件	由 named. conf 文件指定	用于实现区域内主机名到 IP 地址的正向解析
反向区域文件	由 named. conf 文件指定	用于实现区域内 IP 地址到主机名的反向解析

• 主配置文件 named. conf

此文件保存在/var/named/chroot/etc 目录，它只包括 DNS 服务器的基本配置，说明 DNS 服务器的全局参数，可由多个配置语句组成。最常用的配置语句有两个：options 语句和 zone 语句。options 语句定义服务器的全局配置选项，其基本格式为：

```
options{
    配置子句;};
```

zone 语句用于定义区域，其中必须说明域名、DNS 服务器的类型和区域文件名等信息，其基本格式为：

```
zone  域名{
          type 服务器类型;
              file“区域文件名称”;
          其他配置子句;};
```

• 根服务器信息文件

根服务器信息文件实现从域名到 IP 地址的解析，主要有若干个资源记录组成，其标准的格式如下：

```
域名    IN  SOA  主机名  管理员电子邮件地址(
                        序列号
                        刷新时间
                        重试时间
                        过期时间
                        最小时间)
              IN  NS    域名服务器
区域名  IN  NS    域名服务器
主机名  IN  A     IP 地址
```

别名　IN　CNAME　主机名

区域名　IN　MX　优先级　邮件服务器

• 正向区域文件

SOA(Start of Authority，授权起始)记录是主域名服务器的区域文件中必不可少的记录，并总是处于文件中所有记录的最前面，它定义域名数据的基本信息和属性。

NS(Name Server，名称服务器)记录指明区域中DNS服务器的主机名，也是区域文件中不可缺少的资源记录。其格式如下：

IN　NS　域名

区域名　IN　NS　域名

A(Address，地址)记录指明域名与IP地址的相互关系，仅用于正向区域文件。其格式如下：

主机名　IN　A　IP地址

CNAME记录用于为区域内的主机建立别名，仅用于正向区域文件。其格式如下：

别名　IN　CNAME　域名(主机名)

MX记录用于指定区域内邮件服务器的域名与IP地址的相互关系，仅用于正向区域文件。其格式如下：

区域名　IN　MX　优先级　邮件服务器名

• 反向区域文件

反向区域文件的结构和格式与正向区域文件类似，它主要实现从IP地址到域名的反向解析。其标准的格式如下：

```
域名    IN    SOA   主机名   管理员电子邮件地址(
                            序列号
                            刷新时间
                            重试时间
                            过期时间
                            最小时间)
        IN    NS         域名服务器名
IP      IN    PTR        主机名(域名)
```

2. 实训目标

(1)掌握DNS软件包的安装。

(2)掌握DNS图形配置包的安装。

(3)掌握DNS服务器正向和反向配置。

3. 实训内容

(1)安装DNS软件。

(2)在图形化界面下配置DNS服务器。

(3)字符方式配置DNS服务器。

4. 实训步骤及结果

子任务1：图像化配置DNS服务器

【操作步骤】

(1)安装DNS软件包。

系统设置→添加和删除应用程序→DNS软件包。

(2)安装 DNS 图形化配置包(图 4-4-1、图 4-4-2)。

```
[root@localhost home]# ls
cz  redhat-config-bind-1.9.0-13.noarch.rpm
```

图 4-4-1　查看 DNS 包

```
[root@localhost home]# rpm -ivh redhat-config-bind-1.9.0-13.noarch.rpm
warning: redhat-config-bind-1.9.0-13.noarch.rpm: V3 DSA signature: NOKEY, key ID
db42a60e
Preparing...                ########################################### [100%]
   1:redhat-config-bind     ########################################### [100%]
```

图 4-4-2　安装软件

(3)配置 DNS 服务器(图 4-4-3)。

```
[root@localhost home]# redhat-config-bind
```

图 4-4-3　配置 DNS 服务器

①双击 localhost，配置正向区块，即域名到 IP 地址的映射(图 4-4-4)。

②单击 0. 0. 127. in-addr. arpa 配置反向区块(图 4-4-5)。

图 4-4-4　配置正向区域

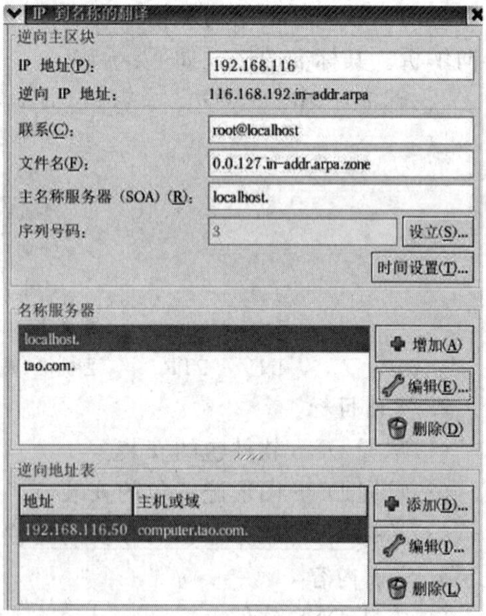

图 4-4-5　配置反向解析区域

③配置完成后重启 DNS(图 4-4-6)。

```
[root@localhost root]# service named restart
停止 named: rndc: connect failed: connection refused
                                                        [失败]
[root@localhost root]# service named start              [  确定  ]
```

图 4-4-6　配置完成后重启 DNS

(4)查看 DNS 配置结果(图 4-4-7)。

```
[root@localhost home]# ns lookup
bash: ns: command not found
[root@localhost home]# nslookup
Note:  nslookup is deprecated and may be removed from future releases.
Consider using the `dig' or `host' programs instead.  Run nslookup with
the `-sil[ent]' option to prevent this message from appearing.
> tao.com
Server:         127.0.0.1
Address:        127.0.0.1#53

Name:   tao.com
Address: 127.0.0.1
> computer.tao.com
Server:         127.0.0.1
Address:        127.0.0.1#53

Name:   computer.tao.com
Address: 192.168.116.50
> 192.168.116.50
Server:         127.0.0.1
Address:        127.0.0.1#53

50.116.168.192.in-addr.arpa     name = computer.tao.com.
```

图 4-4-7　查看 DNS 配置结果

(5)测试 DNS 服务器。

子任务 2：字符方式配置 DNS 服务器

【操作步骤】

(1)首先安装 DNS 服务器。

(2)打开/etc/named. conf 修改相应的正向和反向解析文件名称(图 4-4-8)。

```
zone "44.168.192.in-addr.arpa" {
        type master;
        file "0.0.127.in-addr.arpa.zone";
};


zone "tao.com" {
        type master;
        file "tao.com.zone";
};
```

图 4-4-8　Named. conf 的配置

(3)在/var/named 下面新建配置文件下对应的正向和反向解析文件(图 4-4-9)。

```
[root@localhost var]# cd named
[root@localhost named]# ls
).0.127.in-addr.arpa.zone   named.ca      tao.com.zone
localhost.zone              named.local   ykq.zone
[root@localhost named]#
```

图 4-4-9　新建配置文件下对应的正向和反向解析文件

(4)打开正向解析文件输入如下内容，进行正向解析(图 4-4-10)。

```
$TTL 86400
@        IN       SOA      tao.com.  root.localhost (
                           3 ; serial
                           28800 ; refresh
                           7200 ; retry
                           604800 ; expire
                           86400 ; ttl
                           )


         IN       NS       localhost.


@        IN       A        127.0.0.1
computer          IN       A       192.168.44.35

~
~
~
~
~
```

图 4-4-10　正向解析

(5)打开反向解析文件输入下面内容进行反向解析(图 4-4-11)。

```
█
$TTL 86400
@        IN       SOA      localhost.        root.localhost (
                           4 ; serial
                           28800 ; refresh
                           7200 ; retry
                           604800 ; expire
                           86400 ; ttk
                           )


@        IN       NS       localhost.
@        IN       NS       tao.com.

35       IN       PTR      computer.tao.com.
~
~
```

图 4-4-11　反向解析

(6)输入 nslookup 进行测试。

输入主机名、输入域名、输入 ip 地址进行相应的测试。

5. 习题

(1)一台主机的域名是 www. tlinuxpro. com. cn，对应的 IP 地址时 192. 168. 0. 10，那么此域反向解析域的名称是什么？(　　)

A. 192. 168. 0. in-addr. arpa　　B. 10. 0. 168. 192

C. 0. 168. 192-addr. arpa　　D. 0. 168. 192. in-addr. arpa

(2)采用 chroot 技术时 DNSf 服务器的配置文件是哪个？(　　)

A. /etc/named/comf　　B. /etc/chroot/named. conf

C. /var/named/chroot/etc/named. conf　　D. /var/chroot/etc/named. conf

(3)在 DNS 配置文件中，用于表示某主机别名的是以下哪个关键字？(　　)

A. NS　　B. CNAME　　C. NAME　　D. CN

(4)配置 DNS 服务器的反向解析时设置 SOA 和 NS 记录后，还需要添加何种记录？(　　)

A. SOA　　B. CNAME　　C. A　　D. PTR

(5)SOA 记录中要指定管理员邮箱地址 root@mail. tlinuxpro. com. cn，以下哪种格式是正确的？(　　)

A. root@tlinuxpro. com. cn　　B. root. mail. tlinuxpro. com. cn

C. root_mail. tlinuxpro. com. cn　　D. root-mail. tlinuxpro. com. cn

(6)在下列名称中，不属于 DNS 服务器类型的是哪个？(　　)

A. 主域名服务器　　B. 辅助域名服务器

C. Samba 服务器　　D. 专用缓存域名服务器

(7)假如你是某公司的网络管理员，现公司申请了域名 jianghua. com，现在公司的 DNS 服务器地址为 202. 119. 98. 1，域名为 ns. jinghua. com，Web 服务器地址为 202. 119. 98. 10，域名为 www. jinghua. com，FTP 服务器地址为 202. 119. 98. 100，域名为 ftp. jinghua. com，试为该公司安装一台 DNS 服务器。

任务 5　电子邮件服务器的配置

1. 相关知识

对于一个完整的电子邮件系统而言，它主要由以下三部分构件组成。

(1)用户代理：就是用户与电子邮件系统的接口，如 Outlook 和 Foxmail。

(2)邮件服务器：SMTP 服务器＋POP3 服务器或 IMAP4 服务器。

(3)电子邮件使用的协议：①SMTP 协议：用来发送或中转发出的电子邮件；②POP3 协议：从服务器上把邮件存储到本地主机(即自己的计算机)上；③IMAP4 协议：用于从本地服务器上访问电子邮件。

电子邮件服务的工作原理：如图 4-5-1 所示。

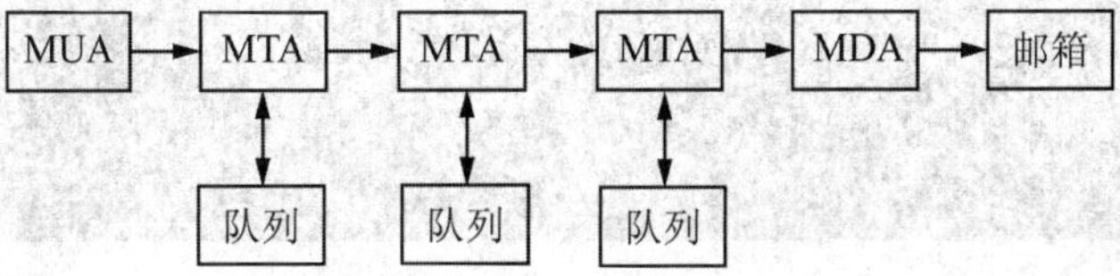

图 4-5-1　电子邮件工作原理

2. 实训目标

(1)熟悉 Liunx 下电子邮件服务器的安装。

(2)掌握 Linux 下电子邮件服务器的配置。

(3)掌握 Linux 下使用电子邮件服务器进行邮件的首发。

3. 实训内容

(1)查看 Linux 下电子邮件服务器的安装。

(2)安装电子邮件服务器。

(3)进行相关配置。

(4)使用 OutLook Express 进行测试。

4. 实训步骤及结果

子任务 1：配置邮件服务器

【操作步骤】

(1)使用 rpm-qa 查看服务器中是否已经存在邮件服务。通过查看，可以看到 RHCE6.0 的服务器中默认已经安装 postfix 邮件服务(图 4-5-2)。那么下面就来利用 postfix 结合 dovecot 来安装邮件服务。

[root@localhost /]# rpm -qa |grep postfix
postfix-2.6.6-2.el6.i686

图 4-5-2 查看服务器中是否已经存在邮件服务

(2)在确实邮件服务已经安装后，还需使用 rpm-qa|grep dovecot 命令查看 dovecot 是否已经安装，在使用该命令后发现，在 Linux 服务器中默认是没有安装该服务的，所以我们将进行手动安装此软件包。在做 smb 服务时已经在服务器中配置好了 yum 源，所以此时我们只需要使用 yum install dovecot 命令即可将 dovecot 软件进行安装，如图 4-5-3 所示。此安装方法能有效地避免包与包之间的依赖关系，能够使用户轻松地安装想要的服务。

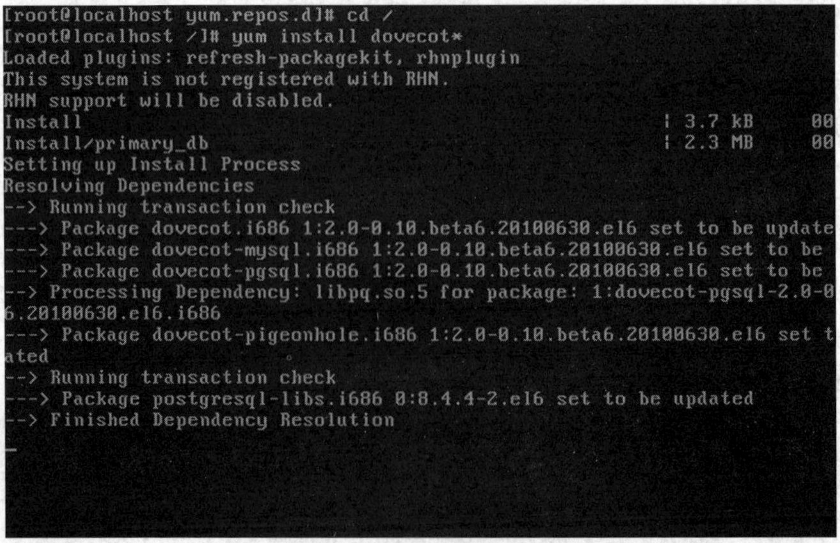

[root@localhost yum.repos.d]# cd /
[root@localhost /]# yum install dovecot*
Loaded plugins: refresh-packagekit, rhnplugin
This system is not registered with RHN.
RHN support will be disabled.
Install | 3.7 kB 00
Install/primary_db | 2.3 MB 00
Setting up Install Process
Resolving Dependencies
--> Running transaction check
---> Package dovecot.i686 1:2.0-0.10.beta6.20100630.el6 set to be update
---> Package dovecot-mysql.i686 1:2.0-0.10.beta6.20100630.el6 set to be
---> Package dovecot-pgsql.i686 1:2.0-0.10.beta6.20100630.el6 set to be
--> Processing Dependency: libpq.so.5 for package: 1:dovecot-pgsql-2.0-0
6.20100630.el6.i686
---> Package dovecot-pigeonhole.i686 1:2.0-0.10.beta6.20100630.el6 set t
ated
--> Running transaction check
---> Package postgresql-libs.i686 0:8.4.4-2.el6 set to be updated
--> Finished Dependency Resolution

图 4-5-3 安装 dovecot 软件

(3)在确定系统已经安装好 dovecot 软件包后，可以执行 chkconfig dovecot on 命令，便于下次重启后该服务会自动启动(图 4-5-4)。

图 4-5-4　执行 chkconfig dovecot on 命令

子任务 2：配置主配置文件

【操作步骤】

(1)确定邮件相关的服务已经完整地安装后，就可以对它的主配置文件进行配置了。postfix 主配置文件的存放路径是“/etc/postfix/main. cf ”，此文件中保存了 postfix 的主要配置，只需对其进行常规操作即可(图 4-5-5)。

图 4-5-5　主配置文件的有效路径

(2)为了实现邮件的收发功能，需要对此主配置文件做如下修改：

①设置运行 postfix 服务的邮件所使用的主机名或域名(图 4-5-6)。

#myhostname = host.domain.tld
myhostname = hao.cisco3091.com_

图 4-5-6　设置运行 postfix 服务的邮件所使用的主机名或域名

②设置由本机寄出的邮件所使用的主机名或域名(图 4-5-7)

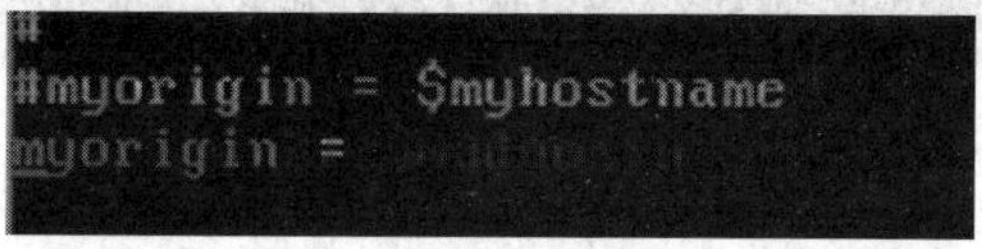

myorigin =

图 4-5-7　设置由本机寄出的邮件所使用的主机名或域名

③设置 postfix 服务监听的网络接口(此选项默认为 localhost)(图 4-5-8)。

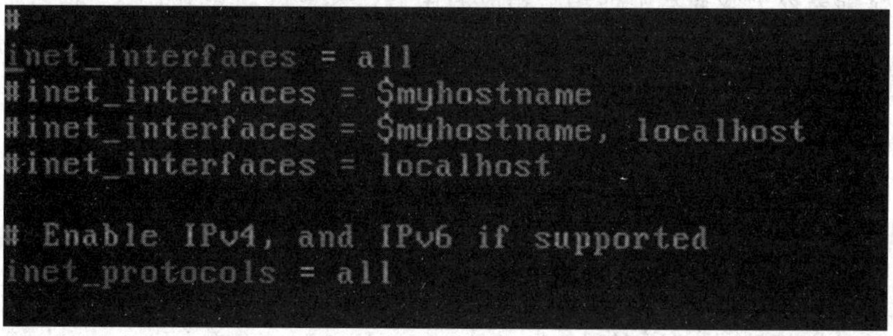

#
inet_interfaces = all
#inet_interfaces = $myhostname
#inet_interfaces = $myhostname, localhost
#inet_interfaces = localhost
# Enable IPv4, and IPv6 if supported
inet_protocols = all

图 4-5-8　设置 postfix 服务监听的网络接口

(3)POP 和 IMAP 邮件服务的实现：postfix 服务只是一个 MTA(邮件传输代理)，它只提供 SMTP 服务，也就是只提供邮件的转发及本地的分发功能。要实现邮件的异地接收，还必须安装 POP 或 IMAP 服务。通常情况下，都是将 STMP 服务和 POP 或 IMAP 服务安装在同一台主机上，那么这台主机也就称为电子邮件服务器。接下来我们将对 dovecot 进行编辑。Dovecot 主配置文件的存放路径为“/etc/dovecot/dovecot.conf”，如图 4-5-9 所示。

[root@localhost /]# vim /etc/dovecot/dovecot.conf

图 4-5-9　Dovecot 主配置文件的存放路径

(4)要启用最基本的 dovecot 服务，只需要修改该配置文件中的以下内容(图 4-5-10)。

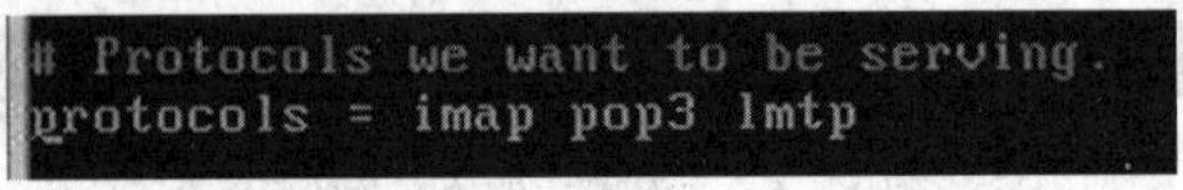
# Protocols we want to be serving.
protocols = imap pop3 lmtp

图 4-5-10　启用 dovecot 服务

(5)在没做 DNS 的情况下需要在/etc/hosts 文件中添加服务器的主机名，进行域名解析(图 4-5-11)。

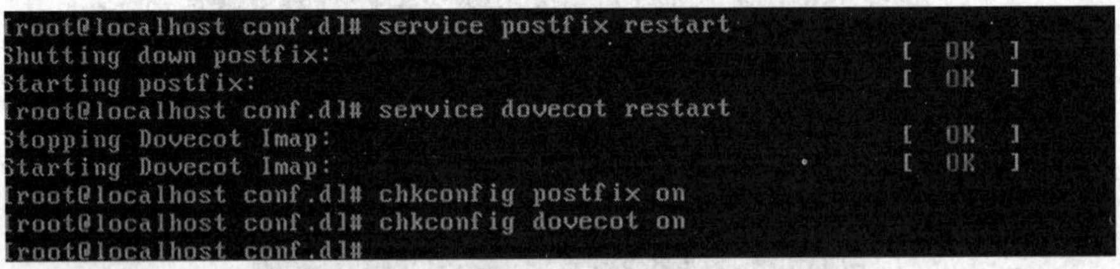
[root@localhost conf.d]# service postfix restart
Shutting down postfix: [OK]
Starting postfix: [OK]
[root@localhost conf.d]# service dovecot restart
Stopping Dovecot Imap: [OK]
Starting Dovecot Imap: [OK]
[root@localhost conf.d]# chkconfig postfix on
[root@localhost conf.d]# chkconfig dovecot on
[root@localhost conf.d]#

图 4-5-11　域名解析

子任务 3：测试

【操作步骤】

使用物理机 Outlook Express 进行测试。

在测试前需要为服务器中创建出相应的用户，这里以创建 hao1、hao2 为例，通过这两个用户来进行实验，达到用户间能收发邮件的目的。如图 4-5-12 所示，通过查看根目录下的 home 目录可以很清楚地看到 hao1、hao2 用户已经存在。

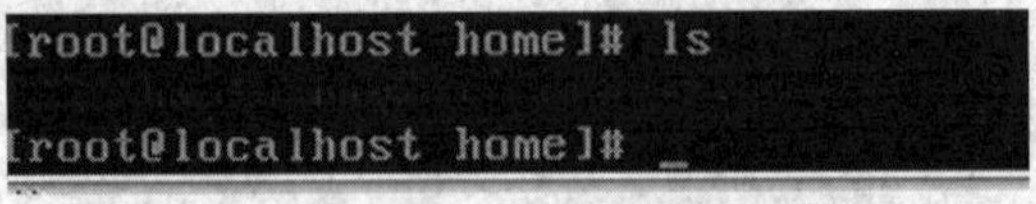
[root@localhost home]# ls
[root@localhost home]# _

图 4-5-12　查看 home 目录

打开任务栏“开始”→“所有程序”→“Outlook Express”，在 Windows 中打开邮件对应的软件(图 4-5-13)。

图 4-5-13　使用 Outlook Express

在“工具”选项中选择“账户”选项。在此选项我们来为 Outlook Express 创建 hao1、hao2 两个用户(图 4-5-14)。

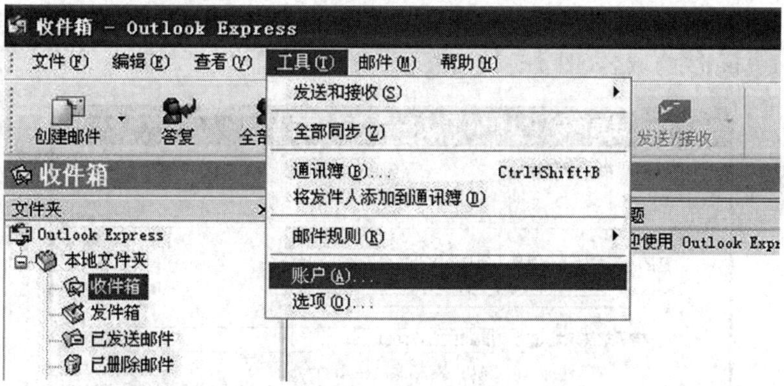

图 4-5-14　设置账户

在弹出的窗口中选择“添加”→“邮件”，然后单击“下一步”(图 4-5-15)。

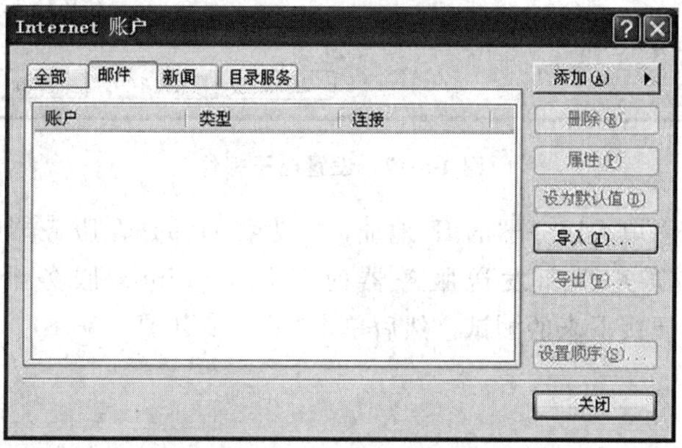

图 4-5-15　添加邮件账户

在此过程中将出现 Internet 的连接向导，我们只需要在中间填入一个自己常用的名称即可，此名称只是显示作用，没有其他意义。然后单击"下一步"(图 4-5-16)。

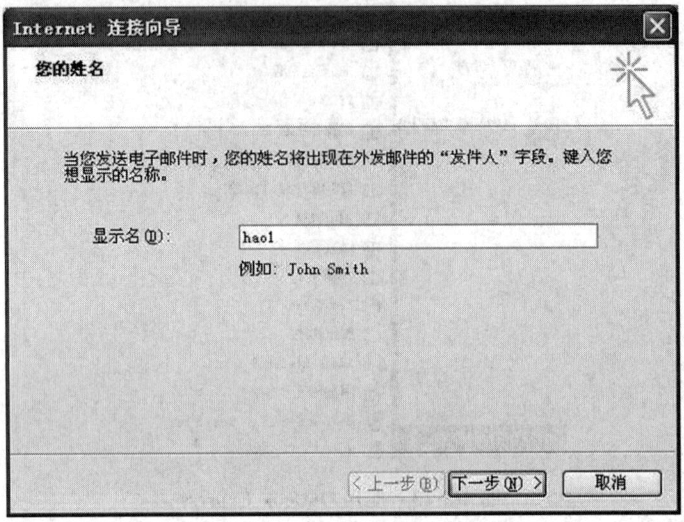

图 4-5-16　设置姓名

接下来的操作就是填入用户的相应的信息，因为我们在服务器中已经创建了 hao1、hao2 用户，所以我们此处第一个的邮件地址名为 hao1@cisco3091. com，cisco3091. com 为 hao1、hao2 的域名(图 4-5-17)。

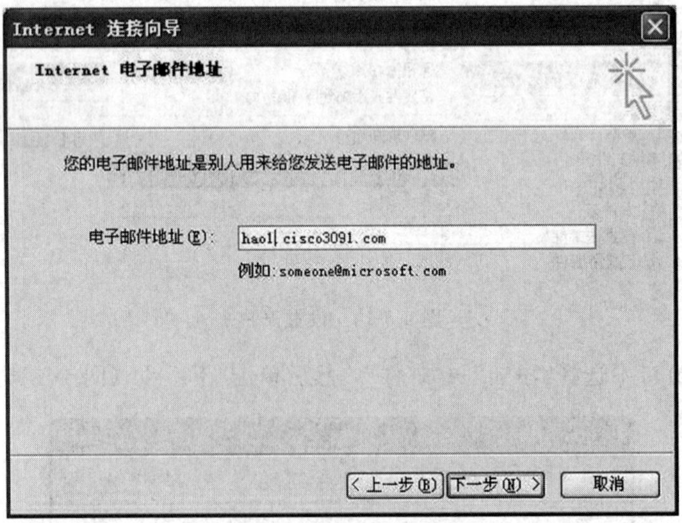

图 4-5-17　设置电子邮件

在弹出的向导中填入服务器的 IP 地址，因为我们都是在服务器中进行测试，所以我们在填入接收服务器和发送服务器时都填入 Linux 服务器的地址，也就是 172. 16. 0. 200，以便接下来的测试，然后单击"下一步"(图 4-5-18)。

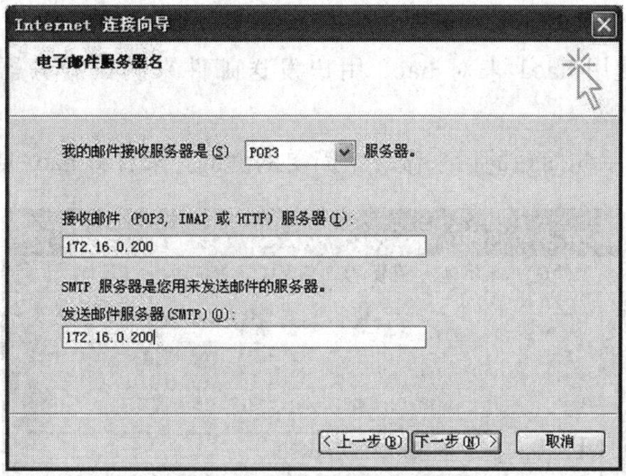

图 4-5-18 设置邮件服务器

在弹出登录选项中，填入用户的账户名和密码，这里得注意，此处的账号密码必须和服务器上的账号一致，否则客户端将不能同步服务器中的信息，然后单击“下一步”(图 4-5-19)。

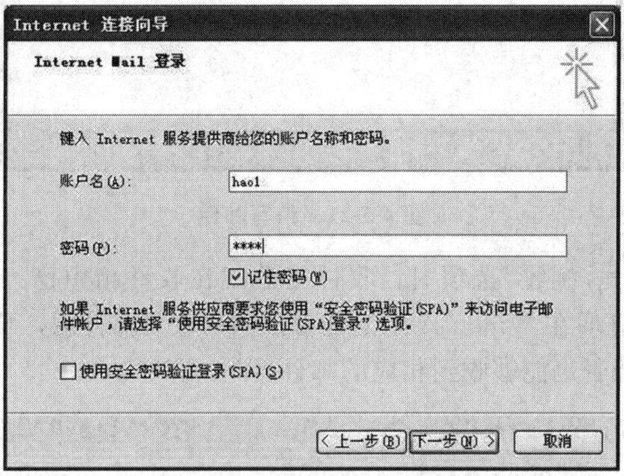

图 4-5-19 设置账户名和密码

重复上面的操作新建 hao2 用户的 Outlook 账号(图 4-5-20)。

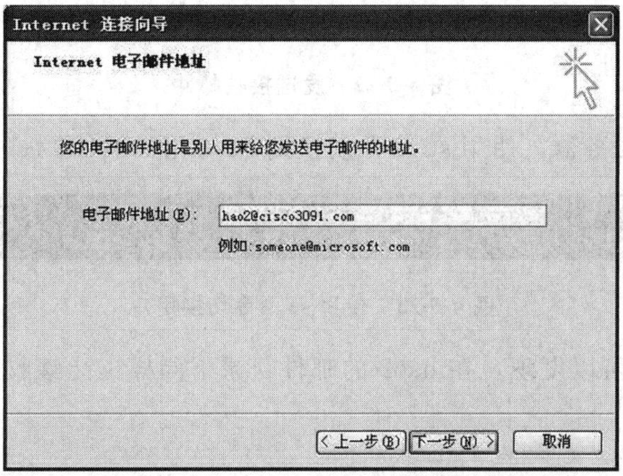

图 4-5-20 设置第二个用户的电子邮件

在确定 hao1、hao2 用户都创建成功后，我们就可以使用这两个用户来进行测试了。我们接下来就使用 hao1 来对 hao2 用户发送邮件来测试服务器是否能够正常的接收和发送邮件。

我们这里就发了一句简短的话来做一个简单的测试，来看看 hao2 能否收到(图 4-5-21)。

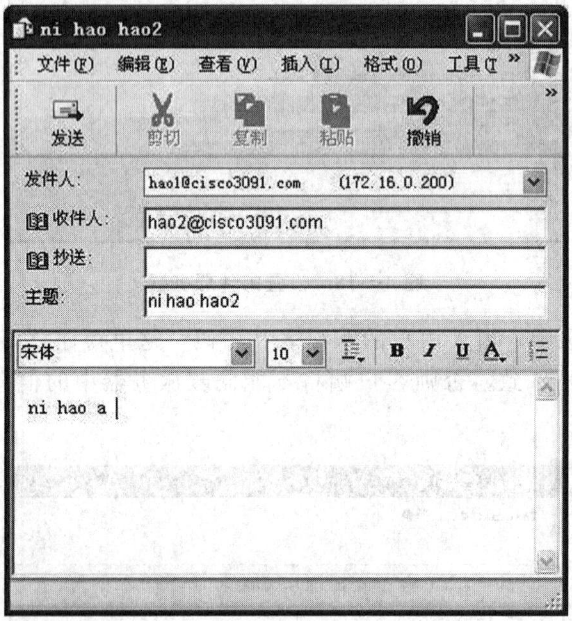

图 4-5-21　编写邮件

当我们单击“发送/接收”选项时，收件箱发现在收件箱中已经接收到了一封来自 hao1 的邮件，这也证明在 Windows 中是能够成功的收发邮件的，那么下一步就是测试在 Linux 服务器中能否也能够收到相应的邮件(图 4-5-22)。

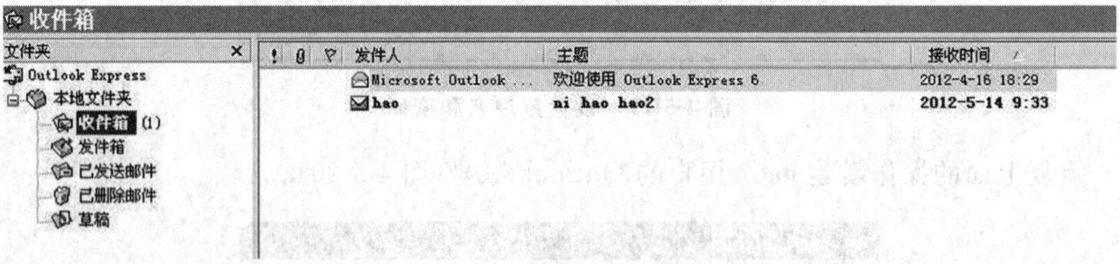

图 4-5-22　发送接收邮件

登录到 Linux 服务器，使用 su 命令切换到 hao2 用户下(图 4-5-23)。

图 4-5-23　使用 su 命令切换用户

使用 mail 命令可以发现，在 hao2 的邮件目录下同样也能够收到来自 hao1 的邮件了(图 4-5-24)。

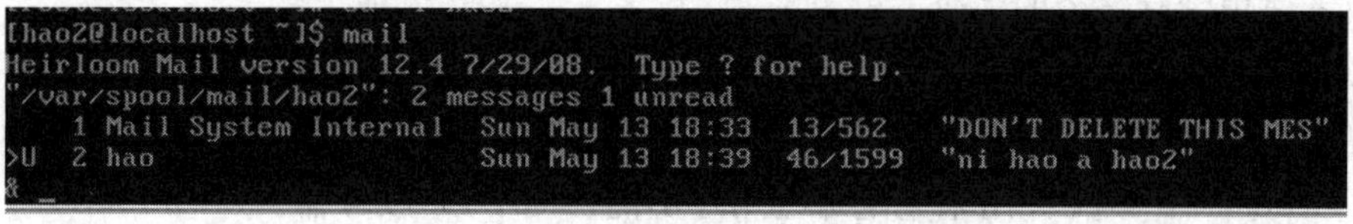

图 4-5-24 使用 mail 命令

打开来自 hao1 的邮件我们可以发现此邮件正是我们利用 hao1 账号发送过来的邮件。这样证明在 Linux 服务器中可以收到来自客户机中的邮件。

5. 习题

架设一台 postfix＋cyrus imapd＋squirrelmail 电子邮件服务器，并按照下面的要求进行配置：

(1)只为子网 192.168.1.0、24 提供邮件转发功能；

(2)允许用户使用多个电子邮件地址，如用户 lily 的电子邮箱地址可有 lily@example.com 和 zhang_lily@example.com；

(3)设置邮件群发功能；

(4)设置 SMTP 认知功能；

(5)用户可以使用 squirrelmail 收发邮件。

任务 6 FTP 服务器的配置

1. 相关知识

FTP 是 File Transfer Protocol(文件传输协议，简称“文传协议”)的英文简称，用于 Internet 上的控制文件的双向传输。同时，它也是一个应用程序(Application)。基于不同的操作系统有不同的 FTP 应用程序，而所有这些应用程序都遵守同一种协议以传输文件。在 FTP 的使用当中，用户经常遇到两个概念：“下载”(Download)和“上传”(Upload)。“下载”文件就是从远程主机复制文件至自己的计算机上；“上传”文件就是将文件从自己的计算机中复制至远程主机上。用 Internet 语言来说，用户可通过客户机程序向(从)远程主机上传(下载)文件。

一般在各种 Linux 的发行版中，默认带有的 FTP 软件是 VSFTP，从各个 Linux 发行版对 VSFTP 的认可可以看出，VSFTP 应该是一款不错的 FTP 软件。

(1)检查 VSFTPD 软件是否安装。

使用如下命令可以检测出是否安装了 VSFTPD 软件：

```
rpm-qa |grep vsftpd
```

如果没有安装的话，可以下载安装，也可以使用软件源进行安装。

(2)VSFTPD 软件的使用。

使用 VSFTPD 软件，主要包括如下几个命令：

- 启动 ftp：service vsftpd start
- 停止 ftp：service vsftpd stop
- 重启 ftp：service vsftpd restart

或者使用带有路径的命令。

(3)VSFTPD 的配置。

FTP 的配置文件主要有三个，在 centos5.6 中位于/etc/vsftpd/目录下，分别是：

- ftpusers：该文件用来指定那些用户不能访问 FTP 服务器。
- user_list：该文件用来指示的默认账户在默认情况下也不能访问 FTP。
- vsftpd.conf：vsftpd 的主配置文件。

(4)下面使用 vi 编辑 vsftpd.conf 文件。

①用户登录控制：

- anonymous_enable=YES：允许匿名用户登录。
- no_anon_password=YES：匿名用户登录时不需要输入密码。
- local_enable=YES：允许本地用户登录。
- deny_email_enable=YES：可以创建一个文件保存某些匿名电子邮件的黑名单，以防止他们使用 Dos 攻击。
- banned_email_file=/etc/vsftpd/banned_emails：保存电子邮件黑名单的目录(默认)。

②用户权限控制：

- write_enable=YES：开启全局上传。
- local_umask=022：本地文件上传的 umask 设置为 022，系统默认。
- anon_upload_enable=YES：允许匿名用户上传，当然要在 write_enable=YES 的情况下。同时必须建立一个允许 ftp 用户读写的目录。
- anon_mkdir_write_enable=YES：允许匿名用花创建目录。
- chown_uploads=YES：匿名用户上传的文件属主转换为别的用户，一般建议为 root。
- chown_username=whoever：改此处的 whoever 为要转换的属主，建议 root。
- chroot_list_enable=YES：用一个列表来限定哪些用户只能在自己目录下活动。
- chroot_list_enable=/etc/vsftpd/chroot_list：指定用户列表文件。
- nopriv_user=ftpsecure：指定一个安全账户，让 ftp 完全隔离和没有特权的账户。

其他的建议不要配置。

③用户连接和超时设置：

- idle_session_timeout=600：默认的超时时间。
- data_connection_timeout=120：设置默认数据连接的超时时间。

(5)服务器日志和欢迎信息。

- dirmessage_enable=YES：允许为配置目录显示信息。
- ftpd_banner=Welcome:to blah FTP service. ftp 的欢迎信息。
- xferlog_enable=YES：打开日志记录功能。
- xferlog_file=/var/log/xferlog：日志记录文件的位置。

我们可以更改以上的各个设置，然后重启 FTP 服务就可以实现对 FTP 的配置了。

2. 实训目标

(1)掌握 VSFTPD 服务器的安装。

(2)掌握 VSFPTD 服务器的配置方法。

(3)熟悉 FTP 客户端工具的使用。

(4)掌握常用的 FTP 服务器故障排除。

(5)掌握使用 FTP 进行上传和下载文件的方法。

3. 实训内容

练习 Linux 系统下 VSFTPD 服务器的配置方法及 FTP 客户端工具的使用。

4. 实训步骤及结果

子任务 1：配置 VSFTPD 服务器，要求只允许匿名用户登录。匿名用户可在/var/ftp/pub 目录中新建目录、上传和下载文件

【操作步骤】

(1)添加删除程序中添加 FTP 服务器(图 4-6-1)。

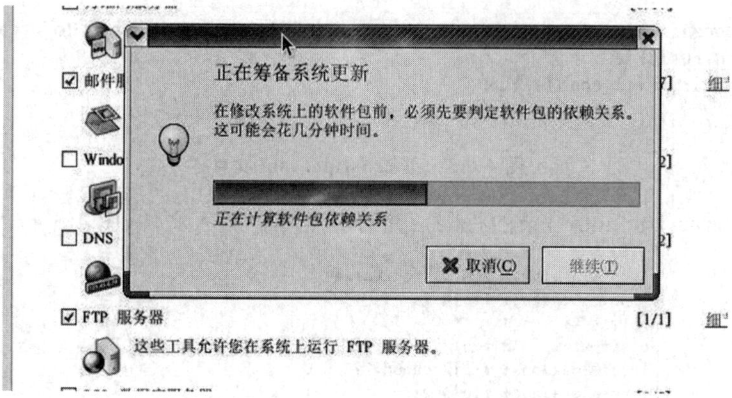

图 4-6-1　添加 FTP 服务器

(2)在服务中启动 VSFPTD 服务(图 4-6-2)。

图 4-6-2　启动 VSFTPD 服务

(3)编辑 vsftpd. conf 文件，使其一定包括以下命令行(图 4-6-3)。

```
root@localhost:~
文件(F)  编辑(E)  查看(V)  终端(T)  转到(G)  帮助
[root@localhost root]# vi /etc/vsftpd/vsftpd.conf

anonymous_enable=YES
local_enable=NO

# Uncomment this to enable any form of FTP write command.
write_enable=YES
#
# Default umask for local users is 077. You may wish to change this to 022,
# if your users expect that (022 is used by most other ftpd's)
local_umask=022
#
# Uncomment this to allow the anonymous FTP user to upload files. This only
# has an effect if the above global write enable is activated. Also, you wil
# obviously need to create a directory writable by the FTP user.
anon_upload_enable=YES

# Uncomment this if you want the anonymous FTP user to be able to create
# new directories.
anon_mkdir_write_enable=YES
#
```

图 4-6-3　编辑 vsftpd. conf 文件

(4)修改/var/ftp/pub 目录的权限，允许其他用户写入文件(图 4-6-4)。

```
[root@localhost root]# cd /var/ftp
[root@localhost ftp]# ls -l
总用量 4
drwxr-xr-x    2 root     root        4096 2003-03-01  pub
[root@localhost ftp]# chmod 777 pub
[root@localhost ftp]# ls -l
总用量 4
drwxrwxrwx    2 root     root        4096 2003-03-01  pub
[root@localhost ftp]#
```

图 4-6-4　修改 pub 权限

(5)重新启动 vsftpd 服务(图 4-6-5)。

```
[root@localhost ftp]# service vsftpd restart
关闭 vsftpd:                                   [  确定  ]
为 vsftpd 启动 vsftpd:                          [  确定  ]
[root@localhost ftp]#
```

图 4-6-5　重新启动 VSFTPD 服务

子任务 2：在 Windows 计算机上以匿名用户身份登录 VSFTP 服务器(IP 地址为 192. 168. 137. 23)，查看下载的文件

【操作步骤】

(1)前提设置 Linux IP 地址为 192. 168. 137. 23(图 4-6-6)。

```
[root@localhost vsftpd]# ifconfig eth0 192.168.137.23
[root@localhost vsftpd]# ifconfig
eth0      Link encap:Ethernet  HWaddr 00:0C:29:10:13:58
          inet addr:192.168.137.23  Bcast:192.168.137.255  Mask:255.255.255.0
          UP BROADCAST RUNNING MULTICAST  MTU:1500  Metric:1
          RX packets:0 errors:0 dropped:0 overruns:0 frame:0
          TX packets:0 errors:0 dropped:0 overruns:0 carrier:0
          collisions:0 txqueuelen:100
          RX bytes:0 (0.0 b)  TX bytes:0 (0.0 b)
          Interrupt:5 Base address:0x2000
```

图 4-6-6　设置 IP 地址

(2)打开虚拟机连接(图 4-6-7)。

图 4-6-7　打开虚拟机连接

(3)设置虚拟机连接方式为 host-only(图 4-6-8)。

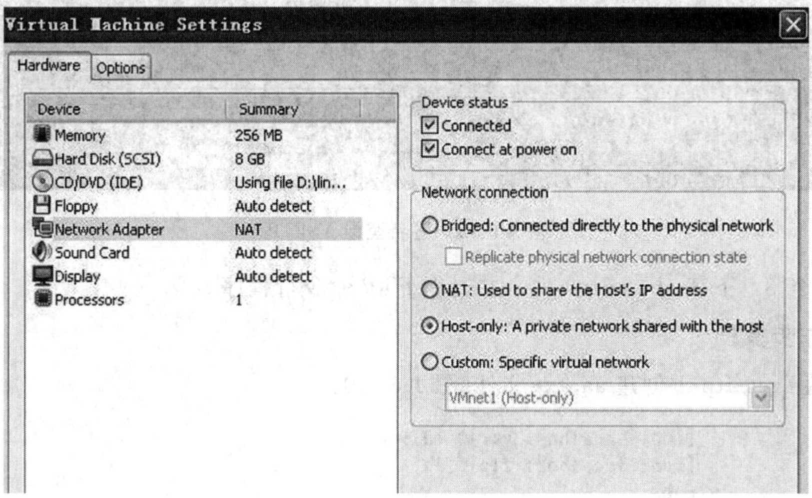

图 4-6-8　设置连接方式

(4)关闭防火墙或者允许 FTP 通过(图 4-6-9)。

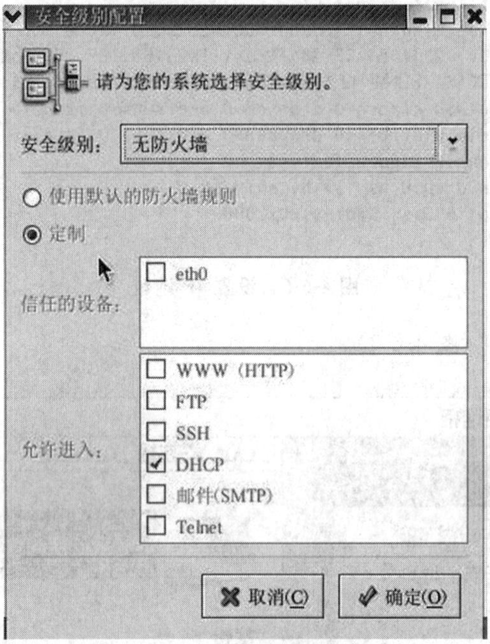

图 4-6-9　关闭防火墙

(5)匿名方式登录 VSFTP 服务器(图 4-6-10)。

```
C:\Documents and Settings\Administrator>ftp 192.168.137.23
Connected to 192.168.137.23.
220 (vsFTPd 1.1.3)
User (192.168.137.23:(none)): anonymous
331 Please specify the password.
Password:
230 Login successful. Have fun.
```

图 4-6-10　匿名登录 VSFTP

子任务 3：下载 abc. txt 文件，并退出 FTP 命令行程序

【操作步骤】

(1)在/var/ftp 下创建 aa. txt 文件(图 4-6-11)。

```
[root@localhost var]# cd ftp
[root@localhost ftp]# ls
pub
[root@localhost ftp]# vi aa.txt
[root@localhost ftp]# ls
aa.txt  pub
[root@localhost ftp]#
```

图 4-6-11　创建 aa. txt 文件

(2)上传下载文件(图 4-6-12)。

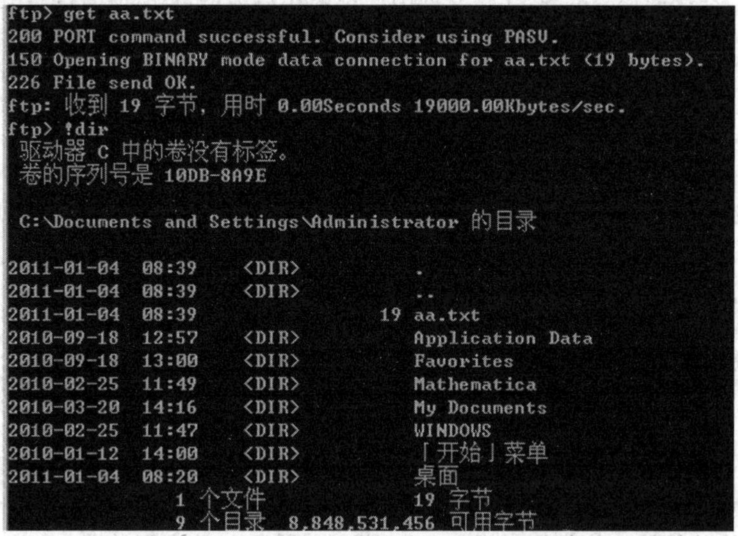

图 4-6-12　上传下载文件

5. 习题

(1)httpd. conf 文件中的“UserDir pubic _ html”语句有何意义？(　　)

A. 指定用户的网页目录　　B. 指定用户保存网页的目录

C. 指定用户的主目录　　D. 指定用户下载文件的目录

(2)httpd. conf 文件中某段内容如下所示，以下说法中正确的是哪个？(　　)

<Directory　/home/ht>
　　Options Indexes FollowSynLinks
　　　AllowOverride None
　　Order deny,allow
　　deny from all
　　allow from 192. 168. 1. 5
</Directory>

A. 需要使用. htaccess 文件进行访问控制

B. 只有 IP 地址为 192. 168. 1. 5 的主机可访问/home/ht 的内容

C. 除了 IP 地址为 192. 168. 1. 5 的主机可访问/home/ht 的内容

D. 需要使用. htaccess 文件进行认证

(3)VSFTPD 服务器为匿名服务器时可从哪个目录下载文件？(　　)

A. /var/ftp　　B. /etc/vsftpd　　C. /etc/ftp　　D. /var/vsftp

(4)某个 VSFTPD 服务器配置文件的部分内容如下所示，下列哪个说法正确？(　　)

Anonymous_enable=NO　Local_enable=YES
Userlist_enable=YES　Userlist_deny=NO
Userlist_file=/etc/vsftpd/user_list

A. 此 VFTPD 服务器不仅为 RHEL Server5 用户提供服务，也为匿名用户提供服务

B. /etc/vsftpd/user_list 文件中指定的用户不可访问 VDFTPD 服务器

C. 只有/etc/vsftpd/user _ list 文件中指定的用户才能可访问 VDFTPD 服务器

D. 所有 RHEL Server5 用户可上传文件，而匿名用户只能下载文件

(5)暂时退出 FTP 命令回到 shell 中时应键入以下哪个命令？(　　)

A. exit　　B. Close　　C. !　　D. quit

(6)简述 FTP 服务器的配置过程。

(7)简述 FTP 服务器中文件在 Linux 系统本身的权限和通过 FTP 访问时的权限之间的关系。

任务 7　Samba 服务器的配置

1. 相关知识

Samba 最初发展的主要目就是要用来沟通 Windows 与 Unix Like 这两个不同的作业平台，Samba 是一套让 UNIX 系统能够应用 Microsoft 网络通信协议的软件。它使执行 UNIX 系统的机器，能与执行 Windows 系统的计算机分享驱动器与打印机 Samba 的核心是 SMB(Server Message Block)协议。SMB 协议是客户机/服务器型协议，客户机通过该协议可以访问服务器上的共享文件系统、打印机及其他资源。通过“NetBIOS over TCP/IP”使得 Samba 不但能与局域网络主机分享资源，更能与全世界的电脑分享资源。

Samba 的主要功能如下：

(1)提供 Windows NT 风格的文件和打印机共享：Windows 95、Windows 98、Windows NT 等与据此共享 UNIX 等其他操作系统的资源，表面上看起来和共享 NT 的资源没有区别。

(2)解析 NetBIOS 名字 IP：在 Windows 网络中，为了能够利用网上资源，同时自己的资源也能被别人所利用；各个主机都定期地向网上广播自己的身份信息。而负责收集这些信息，为别的主机提供检索情报的服务器就被称为浏览服务器。Samba 可以有效地完成这项功能，在跨越网关的时候 Samba 还可以作 WINS 服务器使用。

(3)提供 SMB 客户功能：利用 Samba 提供的 smbclint 程序可以从 UNIX 下以类似于 FTP 的方式访问 Windows 的资源。

(4)备份 PC 上的资源：利用一个叫 smbtar 的 shell 脚本，可以使用 tar 格式备份和恢复一台远程 Windows 上的共享文件。

(5)提供一个命令行工具，在其上可以有限制地支持 NT 的某些管理功能。

2. 实训目标

(1)掌握 Linux 和 Win 文件共享的方法。

(2)掌握 Samba 软件包安装。

(3)掌握 Samba 图形化软件安装。

(4)掌握 Samba 服务器配置。

3. 实训内容

(1)安装 Samba 服务器。

(2)设置 Samba 服务器。

4. 实训步骤及结果

子任务 1：安装 Samba

【操作步骤】

(1)查看 Samba 包是否安装(图 4-7-1)。

```
[root@localhost home]# rpm -q samba
package samba is not installed
[root@localhost home]# 
```

图 4-7-1　查看 Samba 包是否安装

(2)安装 Samba 软件包(图 4-7-2)。

```
[root@localhost root]# cd /home
[root@localhost home]# ls
cz                                      samba-client-2.2.7a-7.9.0.i386.rpm
redhat-config-samba-1.0.4-1.noarch.rpm  samba-common-2.2.7a-7.9.0.i386.rpm
samba-2.2.7a-7.9.0.i386.rpm             squid-2.5.STABLE1-2.i386.rpm

[root@localhost home]# rpm -ivh samba-common-2.2.7a-7.9.0.i386.rpm
warning: samba-common-2.2.7a-7.9.0.i386.rpm: V3 DSA signature: NOKEY, key ID db4
2a60e
Preparing...                ########################################### [100%]
   1:samba-common           ########################################### [100%]
[root@localhost home]# rpm -ivh samba-2.2.7a-7.9.0.i386.rpm
warning: samba-2.2.7a-7.9.0.i386.rpm: V3 DSA signature: NOKEY, key ID db42a60e
Preparing...                ########################################### [100%]
   1:samba                  ########################################### [100%]
[root@localhost home]# rpm -ivh samba-client-2.2.7a-7.9.0.i386.rpm
warning: samba-client-2.2.7a-7.9.0.i386.rpm: V3 DSA signature: NOKEY, key ID db4
2a60e
Preparing...                ########################################### [100%]
   1:samba-client           ########################################### [100%]
[root@localhost home]# rpm -ivh redhat-config-samba-1.0.4-1.noarch.rpm
warning: redhat-config-samba-1.0.4-1.noarch.rpm: V3 DSA signature: NOKEY, key ID
 db42a60e
Preparing...                ########################################### [100%]
   1:redhat-config-samba    ########################################### [100%]
[root@localhost home]# rpm -ivh squid-2.5.STABLE1-2.i386.rpm
warning: squid-2.5.STABLE1-2.i386.rpm: V3 DSA signature: NOKEY, key ID db42a60e
Preparing...                ########################################### [100%]
   1:squid                  ########################################### [100%]
```

图 4-7-2　安装 Samba 软件包

(3)查看 Samba 是否安装完成。

(4)启动 Samba 服务(图 4-7-3)。

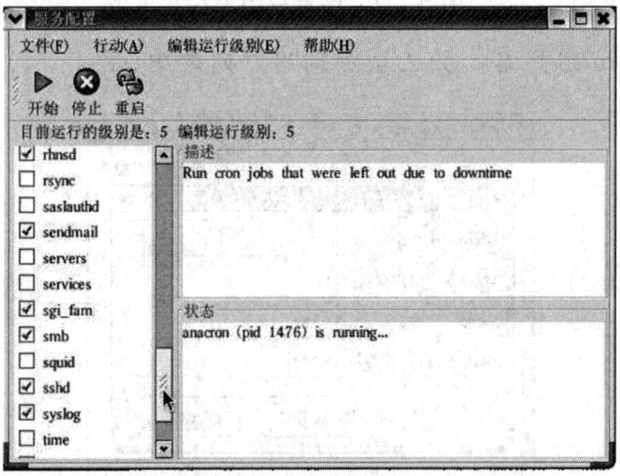

图 4-7-3　启动 Samba 服务

子任务 2：配置 Samba

【操作步骤】

(1)系统设置→服务器设置→Samba。

(2)首选项→服务器设置(图 4-7-4)。

图 4-7-4 服务器设置

(3)设置 Linux 的 IP 地址。

ifconfig eth0 192.168.137.23:连接方式设置一下 HOSTonly

或 ifconfig eth0 192.168.116.34:NAT

(4)关掉防火墙。

首选项→Samba 用户，设置访问的用户(图 4-7-5)。

[root@localhost root]# su cz

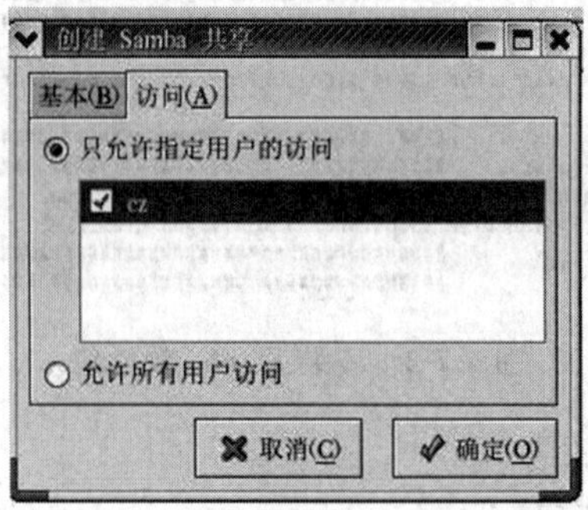

图 4-7-5 设置访问的用户

注意： 用户是 Win 用户名，并已增加到用户列表中(图 4-7-6)。

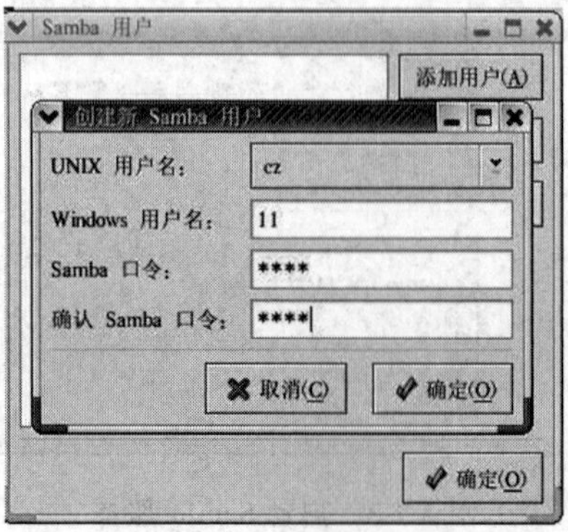

图 4-7-6 设置用户口令

(5)选定共享目录(图 4-7-7)。

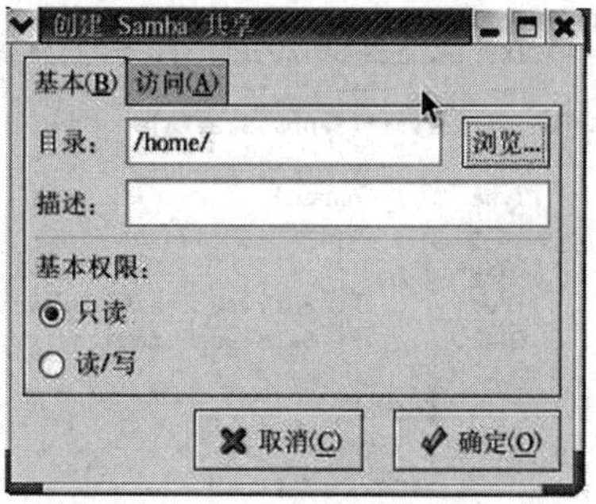

图 4-7-7 设置共享目录

子任务 3：测试

【操作步骤】

(1)Win 下查看 Linux 文件(图 4-7-8、图 4-7-9)。

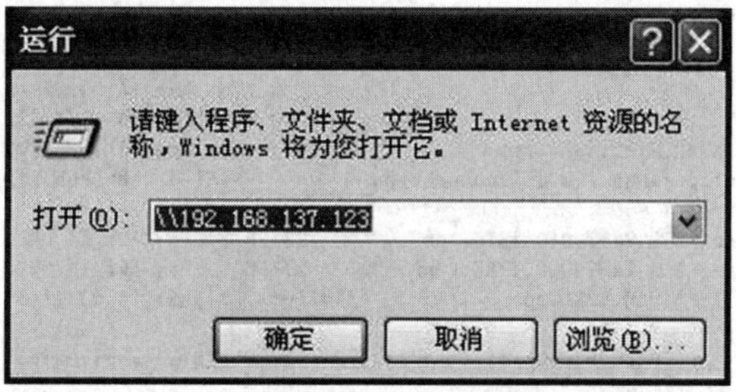

图 4-7-8 Win 下查看 Linux 文件

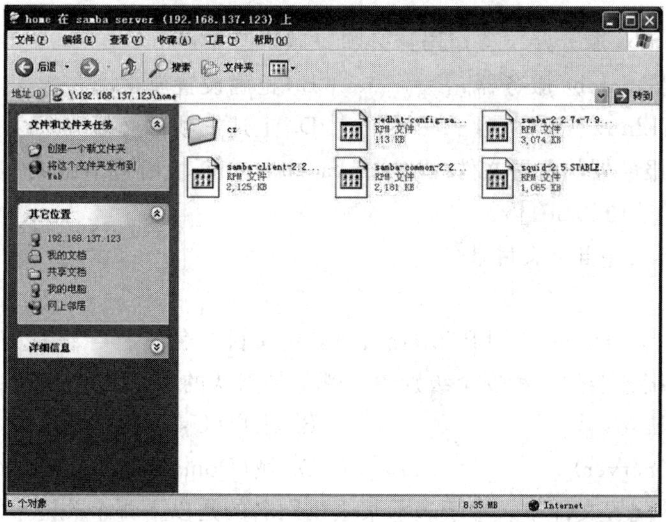

图 4-7-9 查看结果

(2)Linux 下查看 Win 文件(图 4-7-10)。

```
[cz@localhost root]$ smbclient -L localhost
added interface ip=192.168.137.123 bcast=192.168.137.255 nmask=255.255.255.0
Password:
Domain=[MYGROUP] OS=[Unix] Server=[Samba 2.2.7a]

        Sharename       Type      Comment
        ---------       ----      -------
        home            Disk
        IPC$            IPC       IPC Service (samba server)
        ADMIN$          Disk      IPC Service (samba server)

        Server               Comment
        ---------            -------
        LOCALHOST            samba server

        Workgroup            Master
        ---------            -------
        MYGROUP
[cz@localhost root]$

[cz@localhost root]$ smbclient //192.168.137.123/home -U cz
added interface ip=192.168.137.123 bcast=192.168.137.255 nmask=255.255.255.0
Password:
Domain=[MYGROUP] OS=[Unix] Server=[Samba 2.2.7a]
smb: \> ls
  .                                   D        0  Tue Dec 14 10:11:12 2010
  ..                                  D        0  Tue Dec 14 09:57:18 2010
  cz                                  D        0  Tue Dec 14 10:42:07 2010
  squid-2.5.STABLE1-2.i386.rpm           1089914  Mon Feb 24 13:57:02 2003
  redhat-config-samba-1.0.4-1.noarch.rpm      115165  Mon Feb 24 13:49:34 20
03
  samba-common-2.2.7a-7.9.0.i386.rpm        2232573  Fri Mar 14 09:41:40 2003
  samba-client-2.2.7a-7.9.0.i386.rpm        2175669  Fri Mar 14 09:41:40 2003
  samba-2.2.7a-7.9.0.i386.rpm            3147704  Fri Mar 14 09:41:39 2003

              59667 blocks of size 131072. 43220 blocks available
```

图 4-7-10　Linuxg 下查看 Win 文件

5. 习题

(1)要使 Samba 服务器发挥作用，必须要做哪些工作？(　　)

A. 正确配置 Samba 服务器　　B. 正确设置放火墙

C. 禁用 SELinux　　D. 上述三项都必须

(2)Samba 服务器的配置文件/etc/samba/smb. conf 由哪些节组成？(　　)

A. [Global]、[Homes]

B. [Printers]、[自定义目录名]

C. [Global]

D. [Global]、[Homes]、[Printers]、[自定义目录名]

(3)Samba 服务器的 5 种安全级别中，哪个是默认的？(　　)

A. 共享(Share)　　B. 用户(User)

C. 服务器(Server)　　D. 域(Domain)

(4)在 DNS 配置文件中，用于表示某主机别名的是以下哪个关键字？(　　)

A. CN　　B. NS　　C. NAME　　D. CNAME

(5)Apache 的配置文件中定义 Apache 的网页文件所在目录的选项是哪个？(　　)

A. Directory　　B. DocumentRoot

C. ServerRoot　　　　D. DirectoryIndex

(6)httpd. conf 文件中“UserDir public_html”语句有何意义？(　　)

A. 指定用户的网页目录　　　　B. 指定用户保存网页的目录

C. 指定用户的主目录　　　　D. 指定用户下载文件的目录

(7)Samba 的核心是两个后台进程它们是哪项？(　　)

A. smbd 和 nmbd　　　　B. nmbd 和 inetd

C. inetd 和 smbd　　　　D. inetd 和 httpd

(8)最新的 Apache 的配置文件是哪项？(　　)

A. access. conf　　B. srm. conf　　C. httpd. conf　　D. http. conf

(9)启动 samba 服务器进程，可以有两种方式：独立启动方式和父进程启动方式，其中前者是在哪个文件中以独立进程方式启动？(　　)

A. /usr/sbin/smbd　　　　B. /usr/sbin/nmbd

C. rc.　samba　　　　D. /etc/inetd. conf

(10)以下关于 Samba 的描述中，不正确的是哪项？(　　)

A. Samba 采用 SMB 协议

B. Samba 支持 WINS 名字解析

C. Samba 向 Linux 客户端提供文件和打印机共享服务

D. Samba 不支持 Windows 的域用户管理

(11)需要 Samba 作为文件服务器，为所有的用户创建账号和目录，用户默认都在服务器上有一个 home 目录，只有认证通过才能看到；需要为销售部和技术部创建不同的组 wei 和 pan 2 个组，并且分配目录，把所有销售部的员工加入 wei 组，技术部加入到 pan 组，通过 Samba 共享 wei 和 pan 组；建立账号的时候，不分配 shell。

任务 8　Linux 下 JSP 的配置

1. 相关知识

JSP 是由 Sun 公司倡导、许多公司参与一起建立的一种动态网页技术标准。JSP 技术是用 Java 语言作为脚本语言。JSP 网页为整个服务器端的 Java 库单元提供了一个接口来服务于 HTTP 的应用程序。Apache 作为最流行的 Web 服务器功能强大，高效，但并不支持 JSP 及 Servlet，所以通常的做法是把它们整合起来，让 Apache 处理静态页面，而把动态页面的请求交给 tomcat 处理，发挥各自的优势。

JSP 的主要作用是对服务器端的 Java 程序提供接口，以便进行 HTTP 的交互。而要实现这种接口就必须要有一个处理 JSP 脚本的容器，更进一步，知道所有 JSP 脚本在运行时刻，都会被编译成 Servlet，所以要处理 JSP 的容器就是 Servlet 容器。现在世界上比较常用的 Servlet 容器主要有两种，一种是 Tomcat，另一种是 Jetty。Tomcat 与 Apache 的 HTTP 服务器相结合可以大大提高网站的访问承受能力，而 Jetty 是一个 Servlet 容器而已。

2. 实训目标

(1)熟练掌握安装 JDK 5.0 的方法。

(2)熟练掌握 Java 环境变量的配置方法。

(3)掌握 Tomcat 的安装方法。

3. 实训内容

(1)安装 JDK 5.0 Update 05。

(2)配置环境变量。

(3)安装 apache-tomcat-5.5.9。

4. 实训步骤及结果

子任务 1：Java 环境配置

【操作步骤】

(1)配置网络，下载 jdk-1_5_0_05-linux-i586-rpm.bin 和 jakarta-tomcat-5.5.9(图 4-8-1)。

(2)安装 JDK 5.0 Update 05(图 4-8-2)。

```
# chmod+x jdk-1_5_0_05-linux-i586-rpm.bin
#./jdk-1_5_0_05-linux-i586-rpm.bin
# yes
```

```
[root@localhost home]# ls
cz  jakarta-tomcat-5.5.9.tar.gz  jdk-1_5_0_05-linux-i586-rpm.bin
[root@localhost home]# ./jdk-1_5_0_05-linux-i586-rpm.bin
bash: ./jdk-1_5_0_05-linux-i586-rpm.bin: 权限不够
```

图 4-8-1　下载 JDK 安装包到 linux 系统中

```
[root@localhost home]# ls
cz  jakarta-tomcat-5.5.9.tar.gz  jdk-1_5_0_05-linux-i586-rpm.bin
[root@localhost home]# ./jdk-1_5_0_05-linux-i586-rpm.bin
bash: ./jdk-1_5_0_05-linux-i586-rpm.bin: 权限不够
```

图 4-8-2　安装 JDK

注意： chmod+x jdk-1_5_0_05-linux-i586-rpm.bin 添加执行权限。

(3)安装完毕为它建立一个链接以节省目录长度(图 4-8-3)。

```
# ln-s  /usr/java/jdk1.5.0_05  /usr/jdk
```

```
[root@localhost home]# ln -s /usr/java/jdk1.5.0_05/ /usr/jdk
[root@localhost home]# cd /usr
[root@localhost usr]# ls
bin   etc    include  jdk       lib      local  share  tmp
dict  games  java     kerberos  libexec  sbin   src    X11R6
[root@localhost usr]# cd jdk
```

图 4-8-3　创建链接

输入如下命令：

- vi/etc/profile

添加如下内容：

```
JAVA_HOME=/usr/jdk
CLASSPATH=$JAVA_HOME/lib/
```

PATH=$PATH:$JAVA_HOME/bin

export PATH JAVA_HOME CLASSPATH

注意：直接复制以上内容会多出几个字符，要在 X 下用 nEdit 编辑。

(4)测试(图 4-8-4、图 4-8-5)。

- source/etc/profile
- java -version

出现如下字符段：

java version"1.5.0_05"

Java(TM)2 Runtime Environment,Standard Edition(build1.5.0_05-b05)

Java HotSpot(TM)Client VM(build1.5.0_05-b05,mixed mode,sharing)

```
done

unset i
JAVA_HOME=/usr/jdk
CLASSPATH=$JAVA_HOME/lib/
PATH=$PATH:$JAVA_HOME/bin
export PATH JAVA_HOME CLASSPTH
"/etc/profile" [已转换] 53L, 944C
```

图 4-8-4　添加环境变量

```
[root@localhost home]# vi /etc/profile
[root@localhost home]# source /etc/profile
[root@localhost home]# java -version
java version "1.5.0_05"
Java(TM) 2 Runtime Environment, Standard Edition (build 1.5.0_05-b05)
Java HotSpot(TM) Client VM (build 1.5.0_05-b05, mixed mode, sharing)
```

图 4-8-5　测试

(5)安装成功。

(6)测试 Java 程序(图 4-8-6、图 4-8-7)。

■ java - version 查看版本等信息

■ 用 VI 编辑器编写一个 HelloWorld 程序

```
vi HelloWorld.java
public class HelloWorld
{
  public static void main(String args[])
   {
    System.out.println("Hello World!!
    !");
   }
}
```

图 4-8-6　Java 程序测试

■ 编译：javac　HelloWorld.java

■ 运行：java　HelloWorld

■ 如果看到

　□ Hello　World!

　□ 说明 JDK 已经成功安装。

图 4-8-7　Java 程序完成

子任务 2：安装 jakarta-tomcat-5.5.9

【操作步骤】

(1)输入如下命令：

- tar-zxvf jakarta-tomcat-5.5.9.tar.gz-C/usr/local(解压到/usr/local)

- ln -s /usr/local/jakarta-tomcat-5.5.9/usr/local/tomcat

(2)启动 Tomcat(图 4-8-8)。

- /usr/local/tomcat/bin/startup. sh

```
[root@localhost home]# ln -s /usr/local/jakarta-tomcat-5.5.9/ /usr/local/tomcat
[root@localhost home]# /usr/local/tomcat/bin/startup.sh
Neither the JAVA_HOME nor the JRE_HOME environment variable is defined
```

图 4-8-8　启动 tomcat

(3)测试 http://127.0.0.1:8080 和 http://localhost:8080，出现如图 4-8-9 所示页面则说明成功。

图 4-8-9　测试页面

(4)附加到系统启动(图 4-8-10)。

```
[root@localhost home]# java -version
java version "1.5.0_05"
Java(TM) 2 Runtime Environment, Standard Edition (build 1.5.0_05-b05)
Java HotSpot(TM) Client VM (build 1.5.0_05-b05, mixed mode, sharing)
[root@localhost home]# /usr/local/tomcat/bin/startup.sh
Using CATALINA_BASE:   /usr/local/tomcat
Using CATALINA_HOME:   /usr/local/tomcat
Using CATALINA_TMPDIR: /usr/local/tomcat/temp
Using JRE_HOME:        /usr/jdk
```

图 4-8-10　添加环境变量

(5)添加如下内容到文件末尾：

- vi/etc/rc. d/rc. local

/usr/local/tomcat/bin/startup. sh

5. 习题

(1)如何安装 Java 运行环境?

(2)Tocmat 安装成功的标志是什么?

(3)如何自动启动 Tomcat?

任务 9　Linux 下 PHP 的配置

1. 相关知识

PHP 是一种跨平台的服务器端的嵌入式脚本语言。它大量地借用 C、Java、Perl 语言的语法，并耦合 PHP 自己的特性，使 Web 开发者能够快速地写出动态页面的脚本。

PHP 不仅完全满足嵌入 Web 服务器脚本语言的基本要求，而且还提供了大量的内部函数，方便用户实现各种功能。现在推出的 PHP4，支持目前绝大多数数据库，支持多种 Internet 协议(包括 HTTP 协议和电子邮件)，是开发电子商务应用的利器。通过 PHP，用户可以便捷地开发出各种运行于 Web 服务器的应用程序。

PHP 的工作原理如图 4-9-1 所示。

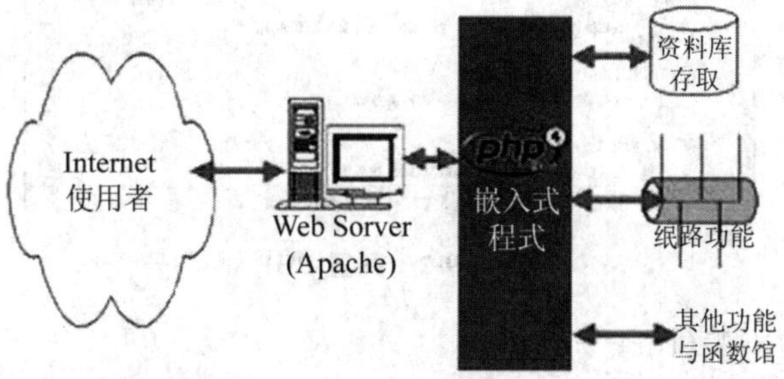

图 4-9-1　PHP 工作原理图

PHP 对 MySQL 的支持是最值得推广的。MySQL 极有可能是最快、最便宜、最简单、最可靠的数据库。同时具有用户所需的大多数性能，能在 Linux、UNIX 和 Windows 环境下执行，具有高度的平台可移植性。

MySQL 虽然不是最强大的数据库，但完全适应于通常的 Web 应用，特别是当用户运行的是简单的目录站点，不需要由 Oracle 所提供的更高级的性能；如果需要的是一个与对象相关或有事务处理的数据库，PHP 仍然能满足基本需要。不过，PHP 语言本身可能不会完全满足最高要求。

2. 实训目标

(1)掌握 Linux 下 PHP 的配置。

(2)掌握 Linux 下使用 PHP＋MySQL 创建简单的动态页面。

(3)掌握 Linux 下 PHP 的使用方法。

3. 实训内容

(1)PHP 的配置。

(2)PHP 和 MySQL 的安装。

(3)PHP 与 MySQL 结合的网页制作方法。

4. 实训步骤及结果

子任务 1：配置 PHP 和安装 MySQL 服务器

【操作步骤】

(1)配置 PHP 运行环境和安装 MySQL 服务器(图 4-9-2)。

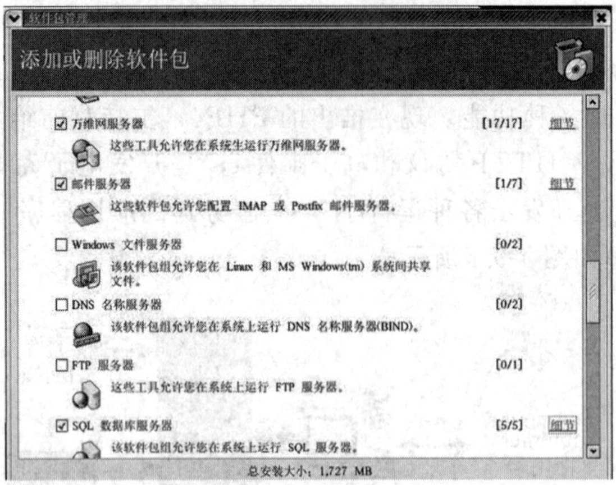

图 4-9-2 配置 PHP

(2)镜像盘进行安装(图 4-9-3)。

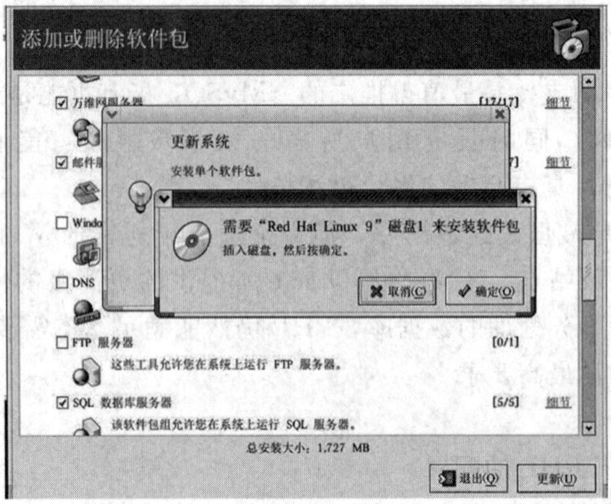

图 4-9-3 提示光盘更换

(3)启动 MySQL 数据库服务器(图 4-9-4)。

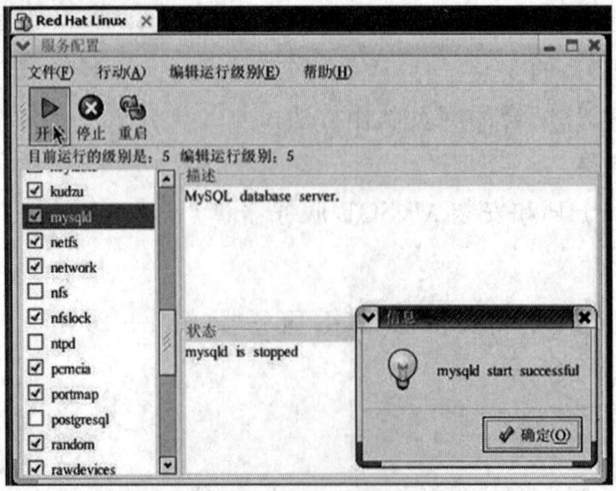

图 4-9-4 启动 MySQL 服务

(4)启动万维网服务器(图 4-9-5)。

图 4-9-5　启动 httpd 服务

(5)测试万维网服务器(图 4-9-6)。

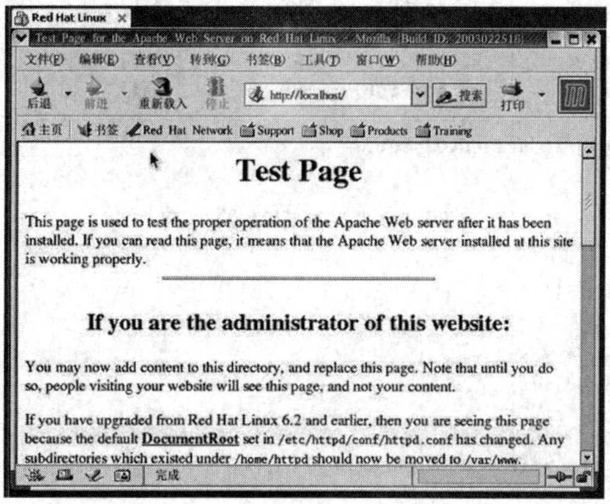

图 4-9-6　测试 WWW 服务器

子任务 2：添加数据库和表

【操作步骤】

(1)添加数据库和对应的表(图 4-9-7、图 4-9-8)。

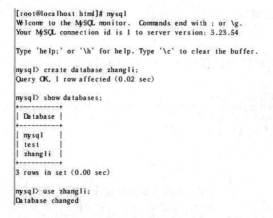

```
[root@localhost html]# mysql
Welcome to the MySQL monitor.  Commands end with ; or \g.
Your MySQL connection id is 1 to server version: 3.23.54

Type 'help;' or '\h' for help. Type '\c' to clear the buffer.

mysql> create database zhangli;
Query OK, 1 row affected (0.02 sec)

mysql> show databases;
+----------+
| Database |
+----------+
| mysql    |
| test     |
| zhangli  |
+----------+
3 rows in set (0.00 sec)

mysql> use zhangli;
Database changed
```

图 4-9-7　创建数据库

```
mysql> create table student(
    -> id char(6) primary key,
    -> name varchar(8),
    -> password char(6),
    -> sex char(1),
    -> say varchar(100)
    -> );
Query OK, 0 rows affected (0.09 sec)
```

图 4-9-8 创建表

(2)显示表的内容(图 4-9-9)。

```
mysql> describe student;
+----------+--------------+------+-----+---------+-------+
| Field    | Type         | Null | Key | Default | Extra |
+----------+--------------+------+-----+---------+-------+
| id       | varchar(6)   |      | PRI |         |       |
| name     | varchar(8)   | YES  |     | NULL    |       |
| password | varchar(6)   | YES  |     | NULL    |       |
| sex      | char(1)      | YES  |     | NULL    |       |
| say      | varchar(100) | YES  |     | NULL    |       |
+----------+--------------+------+-----+---------+-------+
5 rows in set (0.02 sec)
```

图 4-9-9 显示表的内容

(3)插入记录(图 4-9-10)。

```
mysql> select * from student;
Empty set (0.09 sec)

mysql> insert into student values('010212','Jerry','123456','F','hello');
Query OK, 1 row affected (0.00 sec)

mysql> select * from student;
+--------+-------+----------+-----+-------+
| id     | name  | password | sex | say   |
+--------+-------+----------+-----+-------+
| 010212 | Jerry | 123456   | F   | hello |
+--------+-------+----------+-----+-------+
1 row in set (0.00 sec)
```

图 4-9-10 插入记录

子任务 3：测试数据库

【操作步骤】

(1)创建连接数据库的测试程序 c. php(图 4-9-11)。

```
<?php
$connect=MySQL_connect("localhost","root","");
$select=MySQL_select_db("zhangli",$connect);
if($select) print "OK";
?>
~
~
```

图 4-9-11 测试数据库连接

(2)插入数据(图 4-9-12)。

```
<?php
$connect=MySQL_connect("localhost","root","");
MySQL_select_db("zhangli", $connect);
MySQL_query("insert into student values('010213','dingqipan','123456','M,'good morning')", $connect);
if($query) print "successful";
else print "failed";
?>
~
~
~
~
```

图 4-9-12　插入数据

5. 习题

试配置 PHP MyAdmin 虚拟目录，使用 PHP MyAdmin 来完成数据库的各项管理工作。

任务 10　使用 WebMin 图像化配置各种服务器

1. 相关知识

Webmin 是 Linux 和 UNIX 下基于 Web 的集系统管理和网络管理于一身的强大图形化管理工具，使用浏览器通过 WebMin 的用户界面即可轻松管理本地或远程的服务器。目前 WebMin 支持绝大多数的 Linux、UNIX 系统，这些系统除了各种版本的 Linux 以外还包括 AIX、HPUX、Solaris、Unixware、Irix 和 FreeBSD 等。

相对于其他 GUI 管理工具而言，WebMin 具有以下特点。

(1)WebMin 具有本地和远程管理的能力，同时访问控制和 SSL 支持为远程管理提供了很高的安全性。

(2)插件式结构使得 WebMin 具有很强的扩展性和伸缩性，它的管理模块几乎涵盖了常见的 Linux 管理。而且还不断推出第三方的管理模块，使各种常见的第三方服务程序也能利用它进行方便的设置和管理。

(3)提供多语种版本，对中文也有相当好的支持。

WebMin 让你能够在远程使用支持 HTTPS(SSL 上的 HTTP)协议的 Web 浏览器通过 Web 界面管理你的主机。这在保证了安全性的前提下提供了简单深入的远程管理。这使得 WebMin 对系统管理员非常理想，因为所有主流平台都有满足甚至超出上述需求的 Web 浏览器。而且，WebMin 有其自己的“Web 服务器”，因此不需要运行第三方软件(如 Web 服务器)。WebMin 的模块化架构允许你在需要时编写你自己的配置模块。除了在此介绍的模块之外，WebMin 还包括许多模块。尽管目前我们将主要关注网络服务，但是你会看到，几乎你系统的每一部分都能够通过 WebMin 来配置和管理。

WebMin 的另一个可以看成其简化版本的主要针对普通用户的软件就是 UserMin。

2. 实训目标

(1)掌握 WebMin 的安装和配置。

(2)掌握停止和启动 WebMin 服务。

(3)掌握使用 WebMin 配置 Samba 服务。

(4)掌握使用 WebMin 配置 NFS 服务。

(5)掌握使用 WebMin 配置 DHCP 服务。

3. 实训内容

(1)安装 WebMin 软件。

(2)在图形化界面下使用 WebMin 配置 DNS 服务、Web 服务、iptables 防火墙与 NAT 服务、Squid 代理服务 VPN 服务、SSH 服务。

4. 实训步骤及结果

子任务 1：安装 WebMin 软件

【操作步骤】

(1)查看 Perl 包是否安装。

WebMin 的管理程序使用标准的 Per 语言实现，所以我们还要在系统中安装 Perl 解释器。Red Hat Enterprise Linux 默认已经安装了 Perl 语言解释器，可使用下面的命令检查系统是否已经安装了 Perl 语言解释器或查看已经安装了何种版本。

```
rpm-q perl
```

• 如果系统还未安装 Perl 语言解释器，可将 Red Hat Enterprise Linux 5 第 1 张安装盘放入光驱，加载光驱后在光盘的 RedHat/RPMS 目录下找到 Perl 语言解释器的 RPM 安装包文件 perl-5. 8. 8-10. i386. rpm，然后使用下面的命令安装 Perl 语言解释器。如没有安装，则在 ISO 盘中提取 PERL 安装包并安装。

• rpm-ivh/mnt/Server/perl-5. 8. 8-10. i386. rpm

(2)在添加删除程序中选择万维网服务器和开发工具进行 GCC 和万维网服务器的安装。启动 httpd 服务。

①设置网络下载文件。

为了保证浏览器和 WebMin 之间数据传输的安全，需要安装 Net _ SSLeay perl 模块和 OpenSSL 软件，使 WebMin 支持 SSL 加密传输功能，为用户提供一个安全的管理环境。

a. 首先访问 http://www. openssl. org/source/这个网址，下载 OpenSSL 软件源代码包文件 openssl-0. 9. 8e. tar. gz。

b. 使用下列命令安装 OpenSSL。

```
tar zxvf openssl-0. 9. 8e. tar. gz
cd openssl-0. 9. 8e
. /config
make
make install
```

②安装 OpenSSL 软件包(图 4-10-1)。

```
[root@localhost home]# ls
cz                        openssl-0.9.8         webmin-1.230-1.noarch.rpm
Net_SSLeay.pm-1.25.tar.gz openssl-0.9.8.tar.gz
[root@localhost home]#
```

```
[root@localhost home]# tar zxvf openssl-0.9.8.tar.gz
```

```
[root@localhost home]# cd openssl-0.9.8
[root@localhost openssl-0.9.8]# ./config
```

```
[root@localhost openssl-0.9.8]# make
```

```
[root@localhost openssl-0.9.8]# make install
```

图 4-10-1　复制 OpenSSL 安装包并安装

a. 访问 http://search. cpan. org/dist/Net_SSLeay. pm/这个网址，下载 WebMin 的 Net_SSLeay. pm 模块，文件名为 Net_SSLeay. pm-1. 30. tar. gz。

b. 使用下列命令安装 Net _ SSLeay perl 模块。

tar zxvf Net_SSLeay. pm-1. 30. tar. gz

cd Net_SSLeay. pm-1. 30

perl Makefile. PL

make install

③安装 NET-SSL 包(图 4-10-2)。

```
[root@localhost home]# tar zxvf Net_SSLeay.pm-1.25.tar.gz
```

```
[root@localhost home]# ls
cz                     Net_SSLeay.pm-1.25.tar.gz  openssl-0.9.8.tar.
Net_SSLeay.pm-1.25     openssl-0.9.8              webmin-1.230-1.noa
[root@localhost home]# cd Net_SSLeay.pm-1.25
[root@localhost Net SSLeay.pm-1.25]# perl Makefile.PL
```

```
[root@localhost Net_SSLeay.pm-1.25]# make install
```

图 4-10-2　安装 NET-SSL 包

④安装 WebMin 包(图 4-10-3)。

首先访问 http://prdownloads. sourceforge. net/webadmin 这个网址，下载文件 webmin-1. 350-1. noarch. rpm。下载完成后使用下列命令安装。

rpm-ivh webmin-1. 350-1. noarch. rpm 打开浏览器访“问 https://Linux 服务器的 IP 或域名：10000/”会出现登录页面。

```
[root@localhost home]# rpm -ivh webmin-1.230-1.noarch.rpm
warning: webmin-1.230-1.noarch.rpm: V3 DSA signature: NOKEY, key ID 11f63c51
Preparing...                ########################################### [100%]
Operating system is Redhat Linux
   1:webmin                 ########################################### [100%]
```

图 4-10-3　安装 WebMin 包

安装完成后在浏览器中访问：https://localhost：10000 进入页面，输入账号和密码进入 WebMin 设置界面(图 4-10-4)。

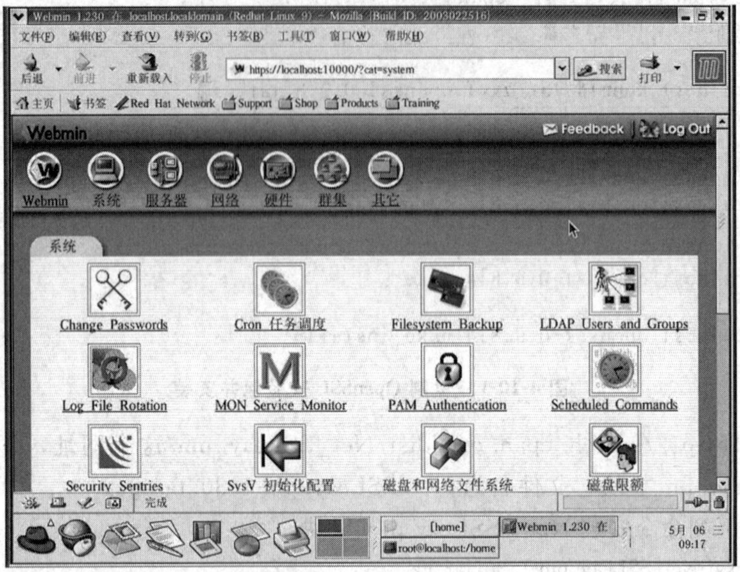

图 4-10-4　WebMin 设置界面

子任务 2：管理界面

【操作步骤】

(1)单击管理界面上方的“WebMin”图标，在出现的页面中单击“Change Language and Theme”超链接。

(2)修改“WebMin UI language”选项为“Personal choice…”，然后在下拉列表中选择“Simplified Chinese(ZH_CN)”。为了使用原有的 Linux 界面风格可修改“WebMin UI theme”选项为“Personal choice…”，然后在下拉列表中选择“MSC. Linux Theme”，最后单击“Make Changes”按钮确定即可(图 4-10-5)。

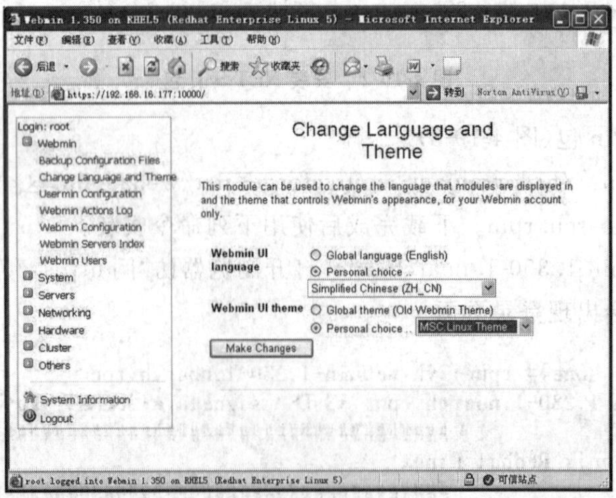

图 4-10-5　选择语言

(3)启动停止服务。

①启动 WebMin 服务/etc/rc.d/init.d/webmin start。

②停止 WebMin 服务/etc/rc.d/init.d/webmin stop。

③重新启动 WebMin 服务/etc/rc.d/init.d/webmin restart。

④自动启动 WebMin 服务如果需要让 WebMin 服务随系统启动而自动加载，可以执行“ntsysv”命令启动服务配置程序，找到“WebMin”服务，在其前面加上星号(*)，然后选择“确定”即可。

子任务 3：配置各种服务器

【操作步骤】

(1)Samba 服务器：在打开 WebMin 管理界面后，单击目录区中的“服务器”，然后单击“Samba Windows 文件共享”图标，则打开“Samba 共享管理器”窗口，并进行设置(图 4-10-6)。

图 4-10-6　Samba 服务器配置

(2)NFS 服务：在打开 WebMin 管理界面后，单击目录区中的“网络”，然后单击“NFS 输出”图标，打开“NFS 输出”窗口，并进行设置(图 4-10-7)。

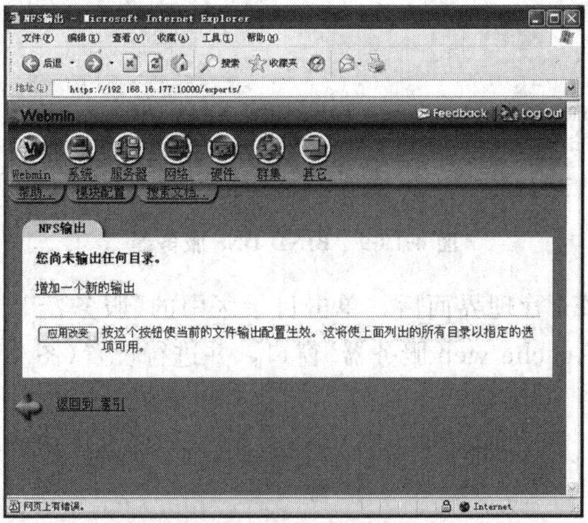

图 4-10-7　NFS 设置

(3)DHCP 服务器：在打开 WebMin 管理界面后，单击目录区中的“服务器”，然后单击“DHCP 服务器”图标，打开“DHCP 服务器”窗口，并进行设置(图 4-10-8)。

图 4-10-8 DHCP 服务器设置

(4)在打开 WebMin 管理界面后，单击目录区中的“服务器”，然后单击“BIND 8 DNS 服务器”图标，则打开“BIND DNS 服务器”窗口，并进行设置(图 4-10-9)。

图 4-10-9 BIND DNS 服务器

(5)在打开 WebMin 管理界面后，单击目录区中的“服务器”，然后单击“Apache 服务器”图标，则打开“Apache web 服务器”窗口，并进行设置(图 4-10-10)。

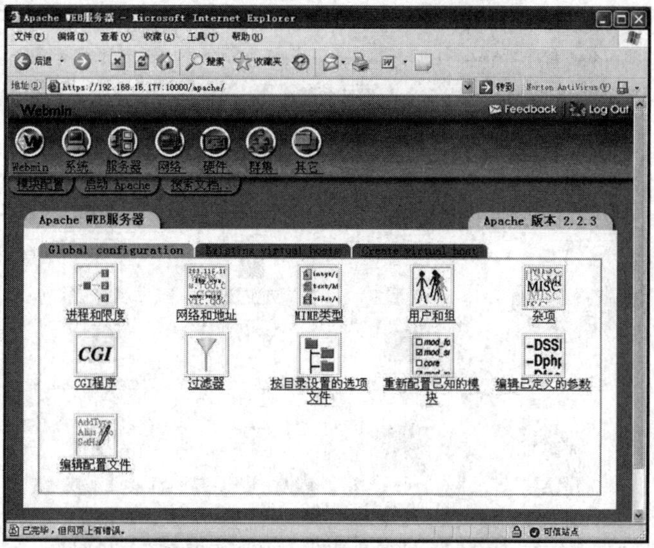

图 4-10-10 设置 Apache 服务器

(6)在打开 WebMin 管理界面后，单击目录区中的“网络”，然后单击“Linux Firewall”图标，选择“Allow all traffic”选项，单击“Setup Firewall”按钮，打开“Linux Firewall”配置窗口，并进行设置(图 4-10-11)。

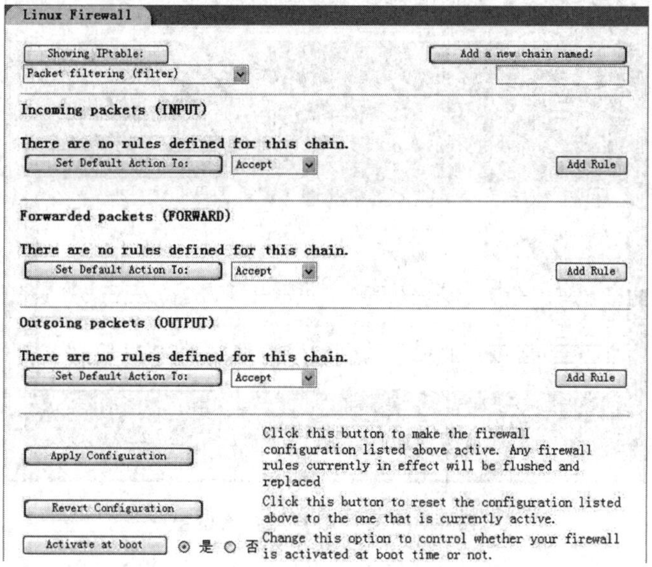

图 4-10-11 设置防火墙

(7)在打开 WebMin 管理界面后，单击目录区中的“服务器”，然后单击“Squid 代理服务器”图标，打开“Squid 代理服务器”窗口，并进行设置(图 4-10-12)。

(8)在打开 WebMin 管理界面后，单击目录区中的“网络”，然后单击“PPTP VPN Server”图标，打开“PPTP VPN Server”窗口，并进行设置(图 4-10-13)。

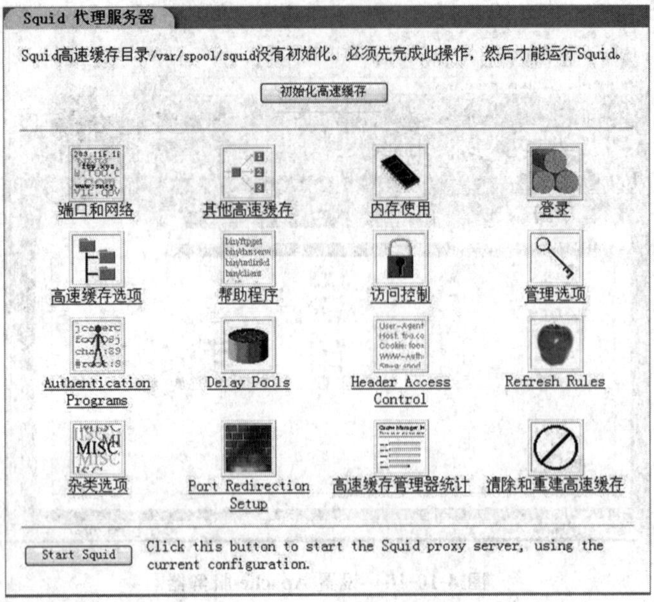

图 4-10-12　Squid 代理服务器

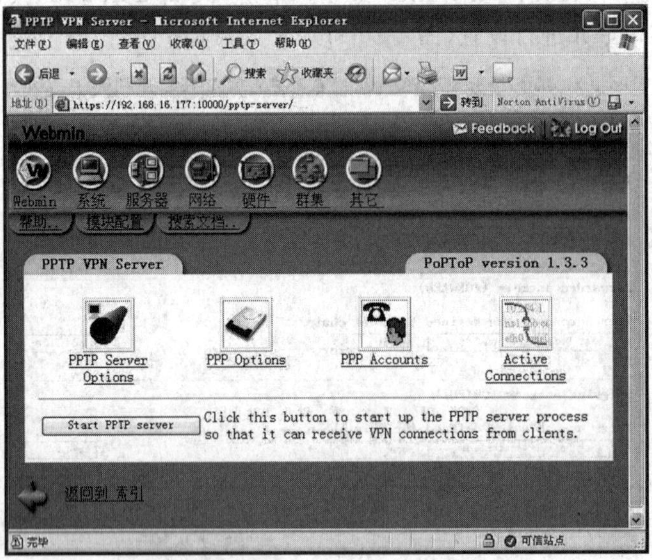

图 4-10-13　PPTP 服务器设置

(9)在打开 WebMin 管理界面后，单击目录区中的“服务器”，然后单击“SSH Server”图标，则打开“SSH 服务器”窗口，并进行设置(图 4-10-14)。

5. 习题

(1)利用 WebMin 配置 Samba 服务器，并根据以下要求配置。

①Samba 服务器所属的群组名称为 student。

②设置可访问 Samba 服务器的子网为 192.168.16.0/24。

③设置 Samba 服务器监听的网卡为 eth0。

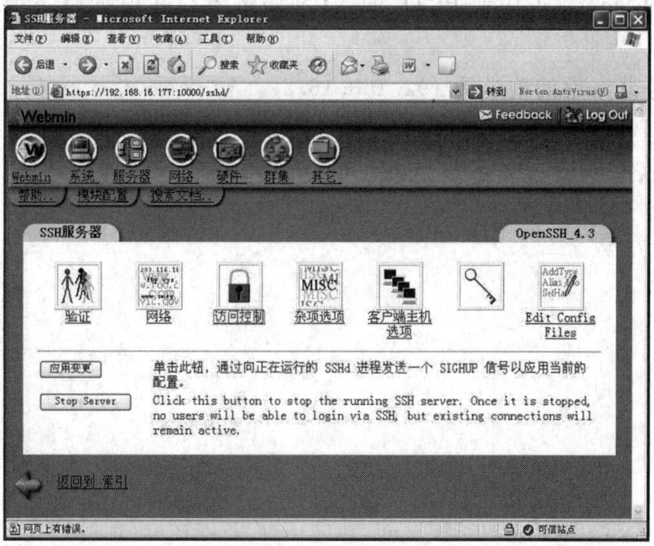

图 4-10-14 SSH 服务器设置

(2)利用 WebMin 配置 DHCP 服务器，并按照下面的要求进行配置。

①为子网 192.168.1.0/24 建立一个 IP 作用域，并将在 192.168.1.20～192.168.1.100 范围之内的 IP 地址动态分配给客户机。

②假设子网中的 DNS 服务器地址为 192.168.1.2，IP 路由器地址为 192.168.1.1，所在的网域名为 example. com，请将这些参数指定给客户机使用。

③为某台主机保留 192.168.1.50 这个 IP 地址。

(3)利用 WebMin 配置 DNS 服务器，并根据以下要求配置辅助名称服务器。

①定义服务器的版本信息为“4.9.11”。

②建立 xyz. com 从区域，设置主要名称服务器的地址为 192.168.16.177。

③建立反向解析从区域 16.168.192.in-addr. arpa，设置主要名称服务器的地址为 192.168.16.177。

(4)利用 WebMin 配置 Web 服务器，并根据以下要求配置。

①设置主目录的路径为/var/www/web。

②添加 index. jsp 文件作为默认文档。

③设置 Apache 监听的端口号为 8888。

④设置默认字符集为 GB2312。

(5)利用 WebMin 建立两个基于 IP 地址的虚拟主机，它们分别使用 192.168.1.17 和 192.168.1.18 这两个 IP 地址。其中 IP 地址为 192.168.1.17 的虚拟主机对应的主目录为/usr/www/web1，IP 地址为 192.168.1.18 的虚拟主机对应的主目录为/usr/www/web2。

(6)利用 WebMin 设置 iptables，设置以下规则。

①禁止 IP 地址 192.168.1.5 从 eth0 访问本机。

②禁止子网 192.168.5.0 从 eth0 访问本机的 Web 服务。

③禁止 IP 地址 192.168.7.9 从 eth0 访问本机的 FTP 服务。

(7)利用 WebMin 设置 Squid 启用用户身份认证功能。

(8)利用 WebMin 建立基于 PPTP 的 VPN 服务器，并根据以下要求配置 VPN 服务器。

①VPN 服务器本地的地址为 192.168.16.5。

②分配给 VPN 客户机的地址段为 192.168.16.100-200。

③建立一个名为 abc，口令为 xyz 的 VPN 拨号账户。

项目五　Linux 编程

知识目标

1. shell 脚本编程。
2. gcc 编辑器的使用。
3. gdb 的使用。
4. Linux 下的 C 程序控制语句。

任务 1　shell 脚本编程

1. 相关知识

shell 程序有很多类似 C 语言和其他程序设计语言的特征，但是又没有程序语言那样复杂。shell 程序是指放在一个文件中的一系列 Linux 命令和实用程序。在执行的时候，通过 Linux 操作系统一个接一个地解释和执行每条命令。

(1)编辑一个内容如下的源程序，保存文件名为 date，可将其存放在目录/bin 下。

```
[root@localhost   bin]# vi date
#! /bin/sh
echo"Mr. $USER,Today is:"
echo &date"+%B%d%A"
echo"Wish you a lucky day !"
```

(2)编辑完该文件之后不能立即执行该文件，需给文件设置可执行程序权限。使用如下命令。

```
[root@localhost   bin]# chmod+x date
```

(3)执行 shell 程序有下面三种方法：

方法一：

```
[root@localhost   bin]#./date
Mr. root,Today is:
```

二月 06 星期二

```
Wish you a lucky day !
```

方法二：

另一种执行 date 的方法就是把它作为一个参数传递给 shell 命令：

```
[root@localhost   bin]# Bash date
Mr. root,Today is:
```

二月 06 星期二

```
Wish you a lucky day !
```

方法三：

为了在任何目录都可以编译和执行 shell 所编写的程序，即把/bin 的这个目录添加到整个环境变量中。

具体操作如下：

```
[root@localhost   root]# export PATH=/bin:$PATH
[root@localhost   bin]# date
Mr. root,Today is:
二月 06 星期二
Wish you a lucky day !
```

2. 实训目标

(1)掌握简单的 shell 编程。

(2)掌握命令替换。

(3)掌握条件执行，test 测试命令。

(4)掌握 Case…esac 构造，迭代，控制进程的执行，管道。

3. 实训内容

(1)创建和执行 shell 脚本。

(2)使用 echo 命令显示消息，创建变量。

(3)使用本地和全局变量，计算表达式，使用 if 构造执行基于条件的 shell 脚本。

(4)使用 case 构造执行基于条件的 shell 脚本，识别用于执行重复任务的 while、for 和 until 构造，在 shell 脚本中使用 break 和 continue 语句控制进程的执行。

4. 实训步骤及结果

子任务 1：编写一个 shell 程序 mkf，此程序的功能是：显示 root 下的文件信息，然后建立一个 kk 的文件夹，在此文件夹下建立一个文件 aa，修改此文件的权限为可执行

【操作步骤】

此 Shell 程序中需依次执行下列命令：

- 进入 root 目录：cd/root。
- 显示 root 目录下的文件信息：ls -l。
- 新建文件夹 kk：mkdir kk。
- 进入 root/kk 目录：cd kk。
- 新建一个文件 aa：　vi aa　(编辑完成后需手工保存)。
- 修改 aa 文件的权限为可执行：chmod+x aa。
- 回到 root 目录：cd/root。

因此，该 shell 程序只是以上命令的顺序集合，假定程序名为 mkf，则：

```
[root@localhost   root]# vi mkf
cd/root
ls -l
mkdir kk
cd kk
vi aa
chmod+x aa
```

cd/root

如同 ls 命令可以接受目录等作为它的参数一样，在 shell 编程时同样可以使用参数。shell 程序中的参数分为位置参数和内部参数等。

子任务 2：编写一个 Shell 程序，用于描述 Shell 程序中的位置参数为：$0、$#、$?、$*，程序名为 test1

【操作步骤】

代码如下：

```
[root@localhost  bin]#vitest1
#! /bin/sh
echo"Program name is $0";
echo"There are totally $# parameters passed to this program";
echo"The last is $?";
echo"The parameter are $*";
```

执行后的结果如下：

```
[root@localhost  bin]#test1 this is a test program        //传递 5 个参数
Program name is/bin/test1                                 //给出程序的完整路径和名字
There are totally 5 parameters passed to this program     //参数的总数
The last is 0                                             //程序执行效果
The parameters are this is a test program                 //返回由参数组成的字符串
```

注意：命令不计算在参数内。

子任务 3：利用内部变量和位置参数编写一个名为 test2 的简单删除程序，如删除的文件名为 a，则在终端中输入的命令为：test a

【操作步骤】

除命令外至少还有一个位置参数，即 $# 不能为 0，删除不能为 $1，程序设计过程如下：

(1)用 vi 编辑程序。

```
[root@localhost  bin]#vitest2
#! /bin/sh
if test $ #-eq 0
then
echo"Please specify a file!"
else
gzip $1                           //现对文件进行压缩
mv $1.gz $HOME/dustbin            //移动到回收站
echo"File $1 is deleted !"
fi
```

(2)设置权限。

```
[root@localhost  bin]#chmod+x test2
```

(3)运行。

```
[root@localhost  bin]#test2 a(如果 a 文件在 bin 目录下存在)
```

```
File a is deleted!
```

子任务 4：编写一个 Shell 程序 test3，程序执行时从键盘读入一个目录名，然后显示这个目录下所有文件的信息

【操作步骤】

(1)存放目录的变量为 DIRECTORY，其读入语句为：

```
read DIRECTORY
```

显示文件的信息命令为：ls -a。

```
[root@localhost  bin]＃vi test3
＃! /bin/sh
echo"please input name of directory"
read DIRECTORY
cd $DIRECTORY
ls -l
```

(2)设置权限。

```
[root@localhost  bin]＃chmod+x test3
```

(3)执行。

```
[root@localhost  bin]＃./test3
```

注意： 输入路径时需输入"/"。

子任务 5：运行程序 test4，从键盘读入 x、y 的值，然后做加法运算，最后输出结果

【操作步骤】

(1)用 vi 编辑程序。

```
[root@localhost  bin]＃vitest4
＃! /bin/sh
echo"please input x y"
read x,y
z='expr $x+$y'
echo"The sum is $z"
```

(2)设置权限。

```
[root@localhost  bin]＃chmod+x test4
```

(3)执行。

```
[root@localhost  bin]＃./test4
45 78
The sum is 123
```

注意： 表达式 total='expr $total+$num'及 num='expr $num+1'中的符号"'"为键盘左上角的"'"键。

【知识拓展】

测试字符串是否相等、长度是否为零，字符串是否为 NULL，需用的字符串操作符如表 5-1-1 所示。

表 5-1-1　常用的字符串操作符

字符串操作符	含义及返回值
=	比较两个字符串是否相同，相同则为“真”
! =	比较两个字符串是否不相同，不同则为“真”
-n	比较两个字符串长度是否大于零，若大于零则为“真”
-z	比较两个字符串长度是否等于零，若等于零则为“真”

子任务 6：从键盘输入两个字符串，判断这两个字符串是否相等，如相等输出

【操作步骤】

(1)用 vi 编辑程序。

```
[root@localhost   bin]# vitest5
  #! /bin/Bash
read ar1
read ar2
["$ar1"="$ar2"]
echo $?        //保存前一个命令的返回码
```

(2)设置权限。

```
[root@localhost   bin]# chmod+x test5
```

(3)执行。

```
[root@localhost   root]#./test5
aaa
bbb
1
```

注意：“[”后面和“]”前面及等号“=”的前后都应有一个空格；注意这里是程序的退出情况，如果 ar1 和 ar2 的字符串是不想等的非正常退出，输出结果为 1。

子任务 7：比较字符串长度是否大于零

【操作步骤】

(1)用 vi 编辑程序。

```
[root@localhost   bin]# vitest6
#! /bin/Bash
read ar
[  -n"$ar"]
echo $?        //保存前一个命令的返回码
```

(2)设置权限。

```
[root@localhost   bin]# chmod+x test6
```

(3)执行。

```
[root@localhost   bin]#./test6
0
```

注意：运行结果 1 表示 ar 的小于等于零，0 表示 ar 的长度大于零。

【知识拓展】

表 5-1-2 所示为用 test 比较的运算符。

表 5-1-2　用 test 比较的运算符

运算符号	含　　义
-eq	相等
-ge	大于等于
-le	小于等于
-ne	不等于
-gt	大于
-lt	小于

子任务 8：比较两个数字是否相等

【操作步骤】

(1)用 vi 编辑程序。

```
[root@localhost   bin]#vitest7
  #! /bin/Bash
read x,y
if test $x -eq $y
  then
    echo"$x=$y"
else
    echo"$x! =$y"
fi
```

(2)设置权限。

```
[root@localhost   bin]#chmod+x test7
```

(3)执行。

```
[root@localhost   bin]#./test7
50 100
50! =100
[root@localhost   bin]#./test7
  150 150
  150==150
```

【知识拓展】

表 5-1-3 所示为 Shell 中的逻辑运算符。

表 5-1-3 Shell 中的逻辑运算符

运算符号	含 义
!	反：与一个逻辑值相反的逻辑值
-a	与(and)：两个逻辑值为“是”返回值为“是”，反之为“否”
-o	或(or)：两个逻辑值有一个为“是”，返回值就是“是”

子任务 9：分别给两个字符变量赋值，一个变量赋予一定的值，另一个变量为空，求两者的与、或操作

【操作步骤】

(1)用 vi 编辑程序。

```
[root@localhost  bin]#vitest8
  #! /bin/Bash
  part1="1111"
  part2=" "      //part2 为空
  ["$ part1" -a "$ part2"]
  echo $?        //保存前一个命令的返回码
  ["$ part1" -o "$ part2"]
  echo $?
```

(2)设置权限。

```
[root@localhost  bin]#chmod+x test8
```

(3)执行。

```
[root@localhost  bin]#./test8
1
0
```

【知识拓展】

表 5-1-4 所示的文件测试操作符。

表 5-1-4 文件测试操作符

运算符号	含 义
-d	对象存在且为目录返回值为“是”
-f	对象存在且为文件返回值为“是”
-L	对象存在且为符号连接返回值为“是”
-r	对象存在且可读则返回值为“是”
-s	对象存在且长度非零则返回值为“是”
-w	对象存在且且可写则返回值为“是”
-x	对象存在且且可执行则返回值为“是”

子任务 10：判断 zb 目录是否存在于/root 下

【操作步骤】

(1)用 vi 编辑程序。

```
[root@localhost   bin]＃vitest9
＃! /bin/Bash
[-d/root/zb ]
echo ＄?      //保存前一个命令的返回码
```

(2)设置权限。

```
[root@localhost   bin]＃chmod＋x test9
```

(3)执行。

```
[root@localhost   bint]＃./test9
```

(4)在/root 添加 zb 目录。

```
[root@localhost   bin]＃mkdir zb
```

(5)执行。

```
 [root@localhost   bin]＃./test9
0
```

注意：运行结果是返回参数"＄?"，结果 1 表示判断的目录不存在，0 表示判断的目录不存在。

子任务 11：编写一个 Shell 程序 test10，输入一个字符串，如果是目录，则显示目录下的信息，如为文件则显示文件的内容

【操作步骤】

(1)用 vi 编辑程序。

```
[root@localhost   bin]＃vitest10
＃! /bin/Bash
  echo"Please enter the directory name or file name"
  read DORF
  if [-d ＄DORF]
  then
ls ＄DORF
  elif [-f ＄DORF]
then
cat ＄DORF
else
  echo"input error!"
fi
```

(2)设置权限。

```
[root@localhost   bin]＃chmod＋x test10
```

(3)执行。

```
[root@localhost   bin]＃./test10
```

子任务 12：在列表中的值有 a，b，c，e，I，2，4，6，8 等，用循环的方式把字符与数字分成两行输出

for 语法：

```
for 变量 in 列表
  do
    操作
  done
```

注意：变量要在循环内部用来指列表当中的对象。

列表是在 for 循环的内部要操作的对象，可以是字符串也可以是文件，如果是文件则为文件名。

【操作步骤】

(1)用 gedit 编辑脚本程序 test11。

```
[root@localhost  bin]#gedittest11
#! /bin/Bash
fori in a,b,c,e,I 2,4,6,8
do
echo $i
done
```

(2)设置权限。

```
[root@localhost  bin]#chmod+x test11
```

(3)执行。

```
[root@localhost  bin]#./test11
a,b,c,e,i
2,4,6,8
```

注意：在循环列表中的空格可表示换行。

子任务 13：删除垃圾箱中的所有文件

【操作步骤】

在本机中，垃圾箱的位置是在 $ HOME/. Trash 中，因而是删除 $ HOME/. Trash 列表当中的所有文件，程序脚本如下：

(1)用 gedit 编辑脚本程序 test12。

```
[root@localhost  bin]#gedittest12
#! /bin/Bash
fori in $HOME/.Trash/*
do
    rm $ i
echo"$ i has been deleted!"
done
```

(2)设置权限。

```
[root@localhost  bin]#chmod+x test12
```

(3)执行。

```
[root@localhost  bin]#./test12
/root/.Trash/abc~has been deleted!
/root/.Trash/abc1 has been deleted!
```

子任务 14：求从 1～100 的和

【操作步骤】

(1)用 gedit 编辑脚本程序 test13。

```
[root@localhost  bin]#gedittest13
#! /bin/Bash
total=0
for((j=1;j<=100;j++));
do
    total='expr $total+$j'
done
echo"The result is $total"
```

(2)设置权限。

```
[root@localhost  bin]#chmod+x test13
```

(3)执行。

```
[root@localhost  bin]#./test13
The result is 5050
```

注意： for 语句中的双括号不能省，最后的分号可有可无，表达式 total='expr $total+$j'的加号两边的空格不能省，否则会成为字符串的连接。

子任务 15：用 while 循环求 1～100 的和

while 语法：

```
while 表达式
  do
    操作
  done
```

注意： 只要表达式为真，do 和 done 之间的操作就一直会进行。

【操作步骤】

(1)用 gedit 编辑脚本程序 test14。

```
[root@localhost  bin]#gedittest14
total=0
num=0
  while((num<=100));
do
    total='expor $total+$ num'
done
echo"The result is $total"
```

(2)设置权限。

```
[root@localhost  bin]#chmod+x test14
```

(3)执行。

```
[root@localhost   bin]#./test14
The result is 5050
```

子任务 16：用 until 循环求 1～100 的和

until 语法：

```
until 表达式
do
操作
done
```

注意：重复 do 和 done 之间的操作直到表达式成立为止。

【操作步骤】

(1)用 gedit 编辑脚本程序 test15。

```
[root@localhost   bin]#gedittest15
total=0
num=0
  until [ $ sum -gt 100]
  do
      total='expor $ total+ $  num'
      num='expr $ num+1'
done
echo"The result is $ total"
```

(2)设置权限。

```
[root@localhost   bin]#chmod+x test15
```

(3)执行。

```
[root@localhost   bin]#./test15
The result is 5050
```

子任务 17：用 for 循环求 1～100 的和

for 语法：

```
if 表达式 1   then
操作
elif 表达式 2   then
操作
elif 表达式 3   then
操作
……
else
操作
fi
```

注意：Linux 里的 if 的结束标志是将 if 反过来写成 fi；而 elif 其实是 else if 的缩写。其中，elif 理论上可以有无限多个。

【操作步骤】

(1)用 gedit 编辑脚本程序 test16。

```
[root@localhost  bin]#gedittest16
for((j=0;j<=10;j++))
  do
       if(($j%2==1))
       then
          echo"$j"
fi
done
```

(2)设置权限。

```
[root@localhost  bin]#chmod+x test16
```

(3)执行。

```
[root@localhost  bin]#./test16
13579
```

子任务 18：Linux 是一个多用户操作系统，编写一程序根据不同的用户登录输出不同的反馈结果

case 语法：

```
case 表达式 in
值 1|值 2)
操作;;
值 3|值 4)
操作;;
值 5|值 6)
操作;;
*)
操作;;
esac
```

注意：case 的作用就是当字符串与某个值相同是就执行那个值后面的操作。如果同一个操作对于多个值，则使用"|"将各个值分开。在 case 的每一个操作的最后面都有两个";;"分号是必需的。

【操作步骤】

(1)用 vi 编辑脚本程序 test17。

```
[root@localhost  bin]#gedittest17
   #! /bin/sh
   case $USER in
beechen)
   echo"You are beichen!";;
liangnian)
   echo"You are liangnian";            //注意这里只有一个分号
   echo"Welcome !";;                   //这里才是两个分号
```

```
  root)
    echo"You are root!";echo "Welcome !";;
    //将两命令写在一行,用一个分号作为分隔符
  *)
    echo"Who are you? $USER?";;
  easc
```

(2)设置权限。

```
[root@localhost  bin]#chmod+x test17
```

(3)执行。

```
[root@localhost  bin]#./test17
You are root
Welcome!
```

子任务 19：编写一个 add 函数求两个数的和，这两个数用位置参数传入，最后输出结果

add 函数格式如下：

```
函数名()
  {
函数体
  }
函数调用方式为
函数名  参数列表
```

【操作步骤】

(1)编辑代码。

```
[root@localhost  bin]#gedittest18
#! /bin/sh
add()
{
a=$1
b=$2
z='expr $a+$b'
echo"The sum is $z"
}
add $1 $2
```

(2)设置权限。

```
[root@localhost  bin]#chmod+x test18
```

(3)执行。

```
[root@localhost  bin]#./test18  10  20
The sum is 30
```

注意：函数定义完成后必须同时写出函数的调用，然后对此文件进行权限设定，在执行此文件。

5. 习题

(1)编写一个 shell 脚本用于判断成绩，如果成绩为 60 分以下，就输出不及格，如

果未 60～70 分输出及格，70～80 分输出中等，80～90 分输出良好，90 分以上输出优秀。

(2)编写一个 shell 脚本用于输出学号为 1～5 的同学的个人资料：姓名，家庭地址，Email，电话号码等信息。

(3)编写 shell 程序，显示 1～8 中每个数的平方值，保存文件为姓名 for. sh(例如 rynfor. sh)。

(4)使用 while 语句编写一个 shell 程序，读入用户输入的数字，若小于 100，则显示平方值，否则退出，保存文件名 rynwhile. sh。

(5)使用 break 语句编写一个 shell 程序，在命令后输入一个数字 n，然后计算 1+2+3+…+n，求出其和并显示出来，保存文件名为 rynbreak. sh。

(6)使用 continue 语句编写一个 shell 程序，在命令后输入一个数字 n，计算 1～n 之间奇数的和，然后显示出来，保存文件名为 ryncontinue. sh。

任务 2　gcc 编辑器的使用

1. 相关知识

(1)案例背景知识。

在进行 C 程序开发时，编译就是将编写的 C 语言代码变成可执行程序的过程，这一过程是由编译器来完成的。编译器就是完成程序编译工作的软件，在进行程序编译时完成了一系列复杂的过程。

gcc 是 Linux 下的 C 程序编译器，具有非常强大的程序编译功能。在 Linux 系统下，C 语言编写的程序代码一般需要通过 gcc 来编译成可执行程序。

(2)案例描述。

以一个实例讲述如何用 gcc 编译 C 程序。在编译程序之前，需要用 VIM 编写一个简单的 C 程序。在编译程序时，可以对 gcc 命令进行不同的设置。将编写第一个 C 程序。程序实现一句文本的输出和判断两个整数的大小。本书中编写程序使用的编辑器是 VIM。

2. 实训目标

(1)熟悉 gcc 的基本概念。

(2)掌握 gcc 的使用方法。

(3)学会用 gcc 进行程序编辑。

3. 实训内容

(1)编写一个简单的 C 程序编译并调试该程序。

(2)编写一程序输出由黑色小方块组成的国际象棋棋盘和阶梯图案。

4. 实训步骤及结果

子任务 1：编写 C 程序

【操作步骤】

(1)打开系统的终端。单击“主菜单”|“系统工具”|“终端”命令，打开一个系统

终端。

(2)在终端中输入下面的命令，在用户根目录“root”中建立一个目录。

```
mkdir c
```

(3)在终端界面中输入“vim”命令，然后按 Enter 键，系统会启动 VIM。

(4)在 VIM 中按“i”键，进入到插入模式。然后在 VIM 中输入下面的程序代码。

```
#include<stdio.h>
int max(int i,int j)
{
if(i>j)
{
return(i);
}
else
{
return(j);
}
}
void main()
{
int i,j,k;
i=3;
j=5;
printf("hello,Linux.\n");
  k=max(i,j);
printf("%d\n",k);
}
```

(5)代码输入完成以后，按 Esc 键，返回到普通模式。然后输入下面的命令，保存文件。

```
:w/root/c/a.c
```

(6)这时，VIM 会把输入的程序保存到 c 目录下的文件 a.c 中。

(7)再输入“：q”命令，退出 VIM。这时，已经完成了这个 C 程序的编写。

子任务 2：用 gcc 编译程序

上面编写的 C 程序，只是一个源代码文件，还不能作为程序来执行。需要用 gcc 将这个源代码文件编译成可执行文件。

【操作步骤】

(1)打开系统的终端。单击“主菜单”|“系统工具”|“终端”命令，打开一个系统终端。这时进入的目录是用户根目录“/root”。然后输入下面的命令，进入到 c 目录。

```
cd c
```

(2)输入“ls”命令可以查看这个目录下的文件。

(3)输入下面的命令，将这个代码文件编译成可执行程序。

```
gcc a.c
```

(4)查看已经编译的文件。在终端中输入“ls”命令，显示的结果如下所示。

```
a.c a.out
```

(5)输入下面的命令对这个程序添加可执行权限。

```
chmod+x a.out
```

(6)输入下面的命令，运行这个程序。

```
./a.out
```

(7)程序的运行结果如下所示。

```
hello,Linux.
5
```

从上面的操作可知，用 gcc 可以将一个 C 程序源文件编译成一个可执行程序。编译以后的程序需要添加可执行的权限才可以运行。在实际操作中，还需要对程序的编译进行各种设置。

子任务 3：生成目标代码

【操作步骤】

参数-c 可以使得 gcc 在编译程序时只生成目录代码而不生成可执行程序。

(1)输入下面的命令，将本案例中的程序编译成目录代码。

```
gcc -c -o a.o a.c
```

(2)输入下面的命令，查看这个目录代码的信息。

```
file a.o
```

显示文件 a.o 的结果如下所示，显示文件 a.o 是一个可重定位的目标代码文件。

```
o:ELF 32-bit LSB relocatable,Intel 80386,version 1(SYSV),not stripped
```

子任务 4：黑色小方块组成的国际象棋棋盘和阶梯图案

【操作步骤】

(1)编辑源程序。

输入命令：vi aa. c。

输入下列程序，输入完毕后保存退出 vi 编辑器。

```
/*aa.c*/
#include<stdio.h>
main()
{
  int i,j;
  for(i=0;i<8;i++)                          /*象棋棋盘图案*/
  {
    for(j=0;j<8;j++)
        if((i+j)%2==0)
printf("%c%c",0xa1,0xf6);   /*输出黑色小方块(GB2312 编码)*/
        else
          printf("  ");
      printf("\n");
    }
```

```
    printf("\n");
    for(i=1;i<11;i++)     /* 阶梯图案 */
    {
        for(j=1;j<=i;j++)
          printf("%c%c",0xa1,0xf6);       /* 输出黑色小方块(GB2312 编码) */
        printf("\n");
    }
}
```

(2)编译与调试。

输入命令：gcc aa.c -o aa。

gcc 给出了报错信息，指明程序在 10 行和 19 行有错。将 10 行和 19 行的语句中的“;”修改成“,”后存盘退出。

再次输入命令：gcc aa.c -o aa。

gcc 未给出任何报错信息，表示编译通过，aa 即为得到的可执行文件。

(3)执行。

输入:./aa。

aa 程序的执行情况如图 5-2-1 所示。

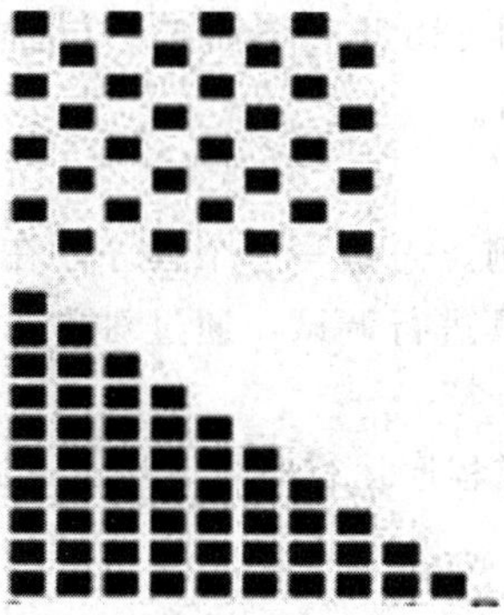

图 5-2-1　运行效果图

5. 习题

(1)编写一程序输出由黑色小方块组成的国际象棋棋盘和阶梯图案。

(2)编写一程序实现两个数加减乘除并输出结果。

(3)在 Linux 中编写程序，程序功能是输出如图 5-2-2 所示的图案。要求将源程序写在一个文件中，并使用 gcc 编译。

(4)在 Linux 中编写求阶乘的程序，要求将源程序写在至少两个文件中，并使用 gcc 编译。

(5)利用 vi 编辑器编写一程序，判断分数在 90 分以上就输出优秀，80 分以上良好，70 分以上中等，60 分以上及格，60 分以下不及格，否则就输入错误。

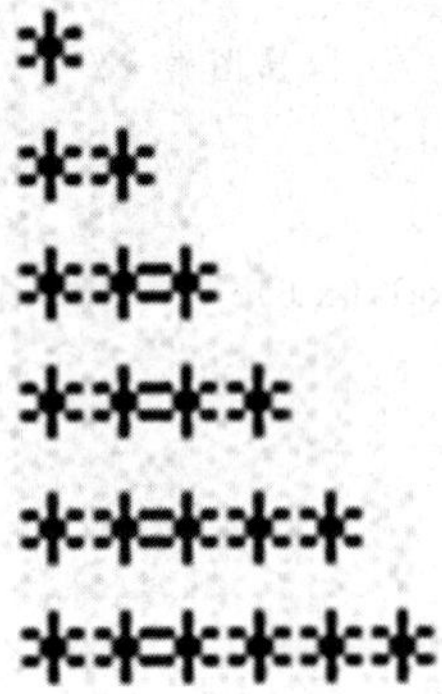

图 5-2-2 “*”组成的直角三角形

任务 3 gdb 的使用

1. 相关知识

(1)背景知识。

gdb 是一个功能强大的调试工具，可以用来调试 C 程序或 C++程序。在使用这个工具进行程序调试时，主要使用 gdb 进行下面 5 个方面的操作：启动程序、设置断点、查看信息、分步运行、改变环境。

(2)案例描述。

本节讲解一个程序调试实例。先编写一个程序，在程序运行时，发现结果与预想结果有些不同。然后用 gdb 工具进行调试，通过对单步运行和变量的查看，查找出程序的错误。

本节将编写一个程序，要求程序运行时可以显示下面的结果。

1+1=2

2+1=3　2+2=4

3+1=4　3+2=5　3+3=6

4+1=5　4+2=6　4+3=7　4+4=8

很明显，这个程序是通过两次循环与一次判断得到的。程序中需要定义三个变量。下面用这个思路来编写这个程序。

2. 实训目标

(1)熟悉 gdb 的基本概念。

(2)掌握 gdb 的使用方法。

(3)学会用 gdb 进行程序调试。

3. 实训内容

(1)编写一个 C 程序。

(2)编译该程序。

(3)调试程序。

4. 实训步骤及结果

子任务 1：编写 c 程序

【操作步骤】

(1)打开一个终端。在终端中输入“vim”命令，打开 VIM。

在 VIM 中按 i 键，进入到插入模式。然后在 VIM 中输入下面的代码。

```
#include<stdio.h>
main()
{
int i,j,k;
for(i=1;i<=4;i++)
{
for(j=1;j<=4;j++);
{
if(i>=j)
{
k=i+j;
printf("%d+%d=%d",i,j,k);
}
}
printf("\n");
}
}
```

(2)在 VIM 中按 Esc 键，返回到普通模式。然后输入下面的命令，保存这个文件。

```
:w/root/c/test.c
```

(3)输入“：q”命令退出 VIM。很容易发现，在第二个循环后有一个错误

子任务 2：编译文件

【操作步骤】

(1)在终端中输入下面的命令，编译这个程序。

```
gcc/root/c/test.c
```

(2)程序可以正常编译通过，输入下面的命令，运行这个程序。

```
/root/c/a.out
```

程序的显示结果是 4 个空行，并没有按照预想的要求输出结果。

(3)输入下面的命令，对这个程序进行编译。在编译加入-g 参数，为 gdb 调试做准备。

```
gcc-g-o test.debug 6.2.c
```

这时，程序可以正常编译通过。输出的文件是 test. debug 这个文件中加入了文件调试需要的信息。

子任务 3：程序的调试

【操作步骤】

(1)在终端中输入“gdb”命令，进入到 gdb，显示的结果如下所示。

```
GNU gdb Red Hat Linux(6.6-35.fc8rh)
Copyright(C)2006 Free Software Foundation,Inc. GDB is free software,covered by the GNU
General Public License,and you are
welcome to change it and/or distribute copies of it under certain conditions.
Type"show copying"to see the conditions.
There is absolutely no warranty for GDB. Type"show warranty" for details.
This GDB was configured as"i386-redhat-linux-gnu".
```

(2)导入文件。在 gdb 中输入下面的命令。

```
file/root/c/test.debug
```

这时显示的结果如下所示。表明已经成功加载了这个文件。

```
Reading symbols from/root/c/test.debug...(no debugging symbolsfound)...done.
Using host libthread_db library"/lib/libthread_db.so.1".
```

(3)显示的文件查看结果如下所示。

```
#include<stdio.h>
main()
{
int i,j,k;
for(i=1;i<=4;i++)
{
for(j=1;j<=4;j++);
{
if(i>=j)
(gdb)
{
k=i+j;
printf("%d+%d=%d",i,j,k);
}
}
printf("\n");
}
}
(gdb)
Line number 19 out of range;6.2.c has 18 lines.
```

(4)在程序中加入断点。从显示的代码可知，需要在第 6 行、第 11 行、第 12 行和第 13 行加入断点。在 gdb 中输入下面的命令。

```
break 6
break 11
break 12
break 13
```

gdb 显示的添加断点的结果如下所示。

```
Breakpoint 1 at 0x8048405: file 6.2.c,line 6.
Breakpoint 2 at 0x8048429: file 6.2.c,line 11.
```

```
Breakpoint 3 at 0x8048429: file 6.2.c,line 12.
Breakpoint 4 at 0x8048432: file 6.2.c,line 13.
```

(5)输入下面的命令，运行这个程序。

```
run
```

运行到第一个断点显示的结果如下所示。

```
Breakpoint 1,main()at 6.2.c:6
6 for(i=1;i<=4;i++)
```

(6)输入“step”命令，程序运行一步，结果如下所示。

```
8 for(j=1;j<=4;j++);
```

(7)这说明程序已经进入了 for 循环。这时输入下面命令，查看 i 的值。

```
print i
```

显示的结果如下所示。

```
$2=1
```

(8)这时再输入“step”命令，显示的结果如下所示。

```
10 if(i>=j)
```

(9)这时再输入“step”命令，显示的结果如下所示。

```
16 printf("\n");
```

(10)这表明，在进行 j 的 for 循环时，没有反复执行循环体。这时再输入“step”命令，显示的结果如下所示。

```
for(i=1;i<=4;i++)
```

这表明，程序正常的进行了 i 的 for 循环。这是第二次执行 for 循环。

(11)输入“step”命令，显示的结果如下所示。

```
8 for(j=1; j<=4; j++);
```

(12)这表明，程序执行到 for 循环。这时再次输入“step”命令，显示的结果如下所示。

```
10 if(i>=j)
```

(13)输入“step”命令，显示的结果如下所示。

```
16 printf("\n");
```

(14)输入“step”命令，显示的结果如下所示。

```
6 for(i=1;i<=4;i++)
```

这说明，程序正常的进行了 i 的 for 循环，但是没有执行 j 的 for 循环。这一定是 j 的 for 循环语句有问题。这时就不难发现 j 的 for 循环后面多了一个分号。

(15)输入“q”命令，退出 gdb。

5. 习题

对下面程序进行 gdb 进行测试。

```
源程序:test.c
1 #include<stdio.h>
2
3 int func(int n)
4 {
5         int sum=0,i;
```

```
        for(i=0;i<n;i++)
        {
                sum+=i;
        }
        return sum;
}


main()
{
        int i;
        long result=0;
        for(i=1;i<=100;i++)
        {
                result+=i;
        }

printf("result[1-100]=%d/n",result);
        printf("result[1-250]=%d/n",func(250));
}
```

编译生成执行文件：

```
<byb>gcc -g test.c -o test
```

任务 4　C 程序控制语句

1. 相关知识

if 条件语句的作用，是对一个条件进行判断。如果判断的结果为真，则执行条件后面的语句。如果执行判断的结果为假，则跳过后面的语句。最基本的 if 条件语句结构如下所示。

```
if(条件)
{
条件成立时需要执行的内容；
}
```

这种条件语句的执行流程如图 5-4-1 所示。

如果 if 后面的判断结果只有两种情况，即第一种条件不成立时一定是第二种情况。则条件语句可以使用 if…else 结构，这种条件语句的使用方法如下所示。

如果 if 后面的判断结果只有两种情况，即第一种条件不成立时一定是第二种情况。则条件语句可以使用 if…else 结构，这种条件语句的使用方法如下所示。

```
if(条件)
{
133
```

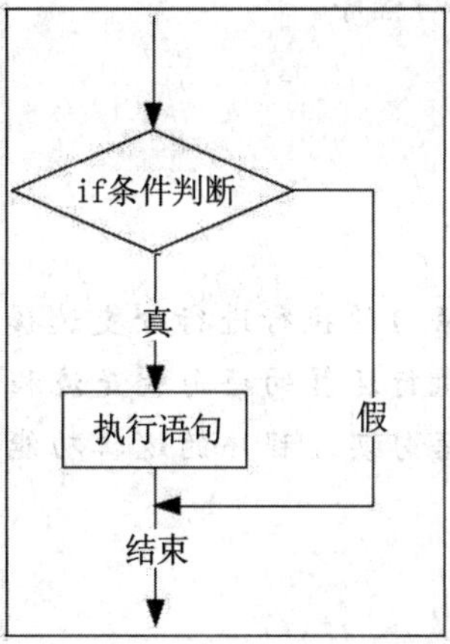

图 5-4-1　if 条件语句的流程图

条件成立时需要执行的内容；

}

else

{

条件不成立时执行的内容；

}

这种条件语句中，先判断 if 的条件内容。如果返回的结果为真，则执行 if 后面的语句，否则就执行 else 后面的语句。程序的执行流程如图 5-4-2 所示。

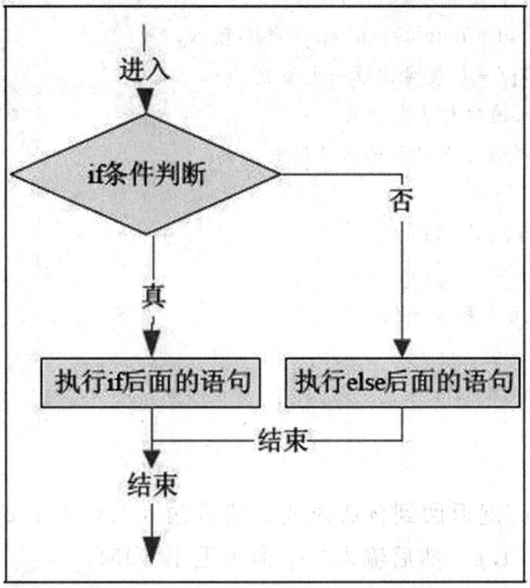

图 5-4-2　if…else 条件语句的流程图

2. 实训目标

(1)熟悉 C 语言的流程控制语句。

(2)掌握 C 语言的条件语句和循环语句。

(3)学会用流程控制语句编写程序。

3. 实训内容

(1)编写一个 C 程序。

(2)编译该程序。

(3)调试程序。

注意：在程序中，需要对语句的执行进行分支选择，或重复执行某些语句，这些实现程序逻辑功能或多次循环执行运算的语句就是流程控制语句。流程控制语句有条件语句与循环语句两种。条件语句实现程序的逻辑功能，循环语句实现程序的重复执行功能。

4. 实训步骤及结果

子任务 1：if 条件语句

【操作步骤】

下面的实例是实现从键盘输入一个整数，用 if 语句判断这个整数是奇数还是偶数，然后输出判断结果。

(1)单击“主菜单”|“系统工具”|“终端”命令，打开一个终端。在终端中输入“vim”命令，然后按 Enter 键打开 VIM。在 VIM 中按“i”键进入到插入模式，然后输入下面的代码。

```
#include<stdio.h>
int main()
{
int i,j;/*定义两个整型变量。*/
printf("please input a number:\n");/*提示输入。*/
scanf("%d",&i);/*从键盘读取一个整数。*/
j=i %2;/*输入的数对 2 求余数。*/
if(j==0)/*如果余数为 0 则输入是偶数。*/
{
printf("%d oushu.\n",i);
}
else/*否则输出为奇数。*/
{
printf("%d jishu.\n",i);
}
}
```

(2)在 VIM 按“Esc”键返回到普通模式。然后输入“:w 7.1.c”命令，将这个文件保存到主目录下的文件 7.1.c。然后输入“:q”命令退出 VIM。

(3)编译程序，在终端中输入下面的命令，然后按 Enter 键。

- gcc 7.1.c

(4)对编译生成的程序添加可执行权限，在终端中输入下面的命令，然后按 Enter 键。

- chmod+x a. out

(5)在终端中输入下面的命令，运行这个程序。

- . /a. out

(6)程序运行时，会出现下面的提示信息，提示输入一个整数。

- please input a number：

(7)在键盘上输入一个整数 12，程序的显示结果如下所示。

- 12 oushu

注意：所谓 if 语句嵌套，指的是在一个 if 语句的执行内容中再进行 if 判断语句。当判断情况很多时，需要使用 if 语句嵌套。下面就是一种简单的 if 语句嵌套。

```
if(条件)
{
if(条件)
{
执行的内容；
}
else
{
执行的内容；
}
}
else
{
if(条件)
{
执行的内容；
}
else
{
执行的内容；
}
}
}
```

在这个嵌套结构中，先进行一次条件判断，然后判断的结果进行另外一次条件判断。这种结构的执行流程可用图 5-4-3 来表示。

假设对考试分数进行 A、B、C、D 评级，85 分以上为 A，70～85 分为 B，60～70 分为 C，60 分以下为 D。要实现这个功能，需要对分数进行多次 if 判断。

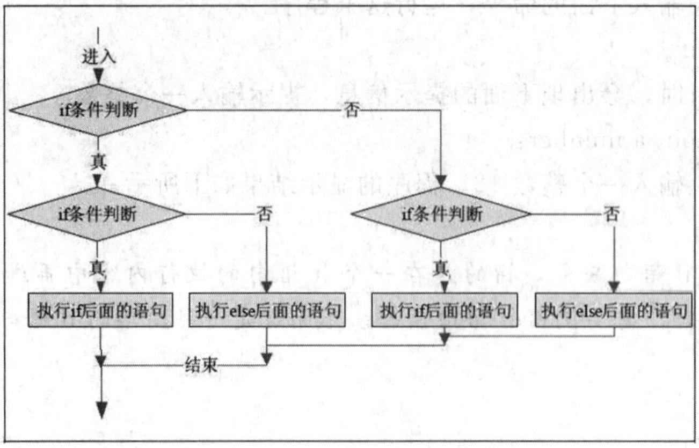

图 5-4-3 流程图

子任务 2：if 语句的嵌套

【操作步骤】

实现代码如下：

```
#include<stdio.h>
int main()
{
int i;/*定义一个变量。*/
printf("please input a number:\n");/*提示输入信息。*/
scanf("%d",&i);/*从读取一个变量。*/
if(i>=70)/*第一次 if 判断。*/
{
if(i>=85)/*85 分以上的输出 A。*/
{
printf("A");
}
else/*其他的分数就是 70~85 分的,输出 B。*/
{
printf("B");
}
}
else/*这里其他的就是 70 分以下的。*/
{
if(i>=60)/*60~70 分的输出 C。*/
{
printf("C");
}
else
{
printf("D");/*其他的一定是 60 分以下的,输出 D。*/
```

```
}
}
136
}
```

编译并运行这个程序，在提示后面输入一个数字 77，然后按 Enter 键。程序的 if 嵌套结构会判断分数的级别，显示的结果是 B。

注意：当 if 语句的判断情况很多时，可以使用 switch 选择执行语句。在这种结构中，switch 对一个条件进行判断，然后分别列出可能的结果，每个结果执行不同的语句。switch 语句的使用方法如下所示。

```
switch(条件)
{
case 结果 1:
执行内容 1;break;
case 结果 2:
执行内容 2;break;
……
case 结果 n:
执行内容 n;break;
}
```

这种结构的执行流程如图 5-4-4 所示。

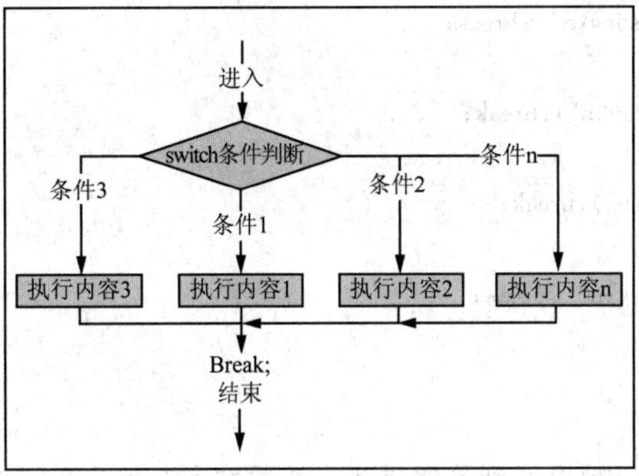

图 5-4-4 switch 语句的流程图

子任务 3：switch 选择执行语句

【操作步骤】

下面是一个 switch 语句的使用实例。用 scanf()函数从键盘读取一个数字，如果数字在 0～6 之间，输出对应的星期一到星期六，否则提示错误。

(1)单击“主菜单”|“系统工具”|“终端”命令，打开一个终端。在终端中输入“vim”命令，然后按 Enter 键打开 VIM。

(2)在 VIM 中按“i”键进入到插入模式，然后输入下面的代码。

```
#include<stdio.h>
```

```
int main()
{
int i;/＊定义一个变量。＊/
printf("please input a number:\n");/＊提示输入信息。＊/
scanf("%d",&i);/＊从键盘读取一个数字。＊/
if(i<0 || i>6)/＊如果这个数字小于0或大于6则输出错误
提示信息。＊/
{
printf("input error.\n");
}
else/＊否则执行判断。＊/
{
switch(i)/＊执行判断。＊/
{
case 0:
printf("Sunday\n");break;/＊7个判断条件和结果。＊/
case 1:
printf("Monday\n");break;
case 2:
printf("Tuesday\n");break;
case 3:
printf("Wednesday\n");break;
case 4:
printf("Thursday\n");break;
case 5:
printf("Friday\n");break;
case 6:
printf("Saturday\n");break;
}
}
}
```

(3)在 VIM 按 Esc 键返回到普通模式。然后输入":w 7.2.c"命令，将这个文件保存到主目录下的文件 7.1.c。然后输入"：q"命令退出 VIM。

(4)输入下面的命令，编译这个程序。

- gcc 7.2.c

(5)输入下面的命令，对编译后的程序添加可执行权限。

- chmod+x a.out

(6)输入下面的命令，运行这个程序。

- ./a.out

(7)程序运行时，会出现下面的提示信息，要求输入一个数字。

- please input a number:

(8)这时输入一个数字 5，然后按 Enter 键。程序显示的结果如下所示。

- Friday

5. 习题

(1)编写一程序实现 99 乘法表。

(2)编写一程序实现 1～100 的奇数相加的和。

(3)编写一程序实现几个学生的成绩及基本信息。

综合项目　俄罗斯方块的实现

基础知识

俄罗斯方块有六种不同的方块：Box0～Box5。

(1)box0。

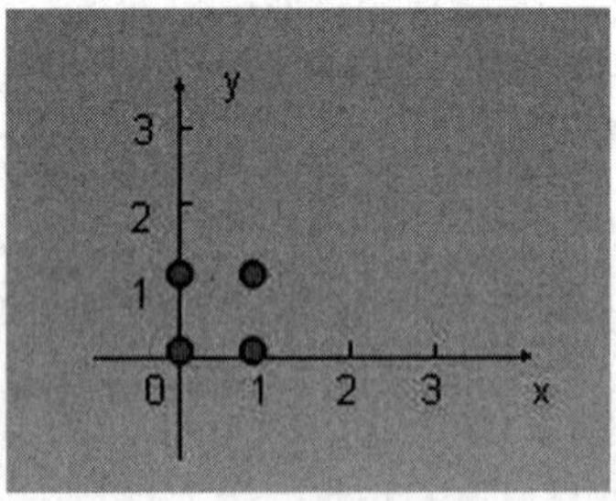

box0=(0 0　0 1　1 0　1 1)

(2)box1。

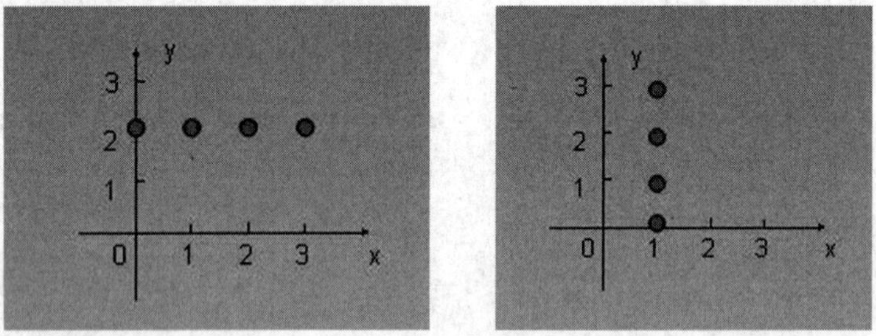

box1=(0 2　1 2　2 2　3　2　1 0　1 1　1 2　1 3)

(3)box2。

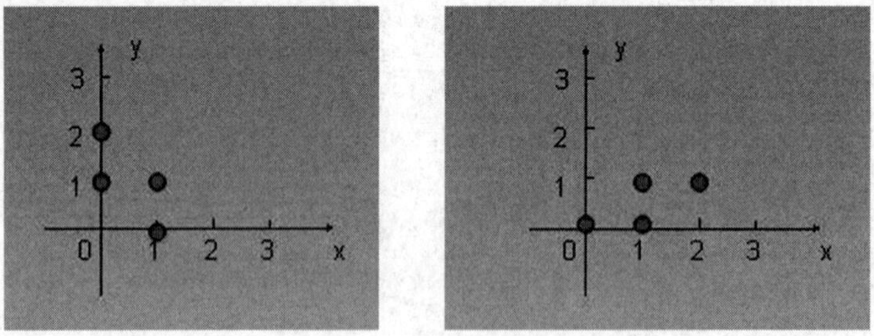

box2=(0 1　0 2　1 0　1 1　0 0　1 0　1 1　2 1)

(4)box3。

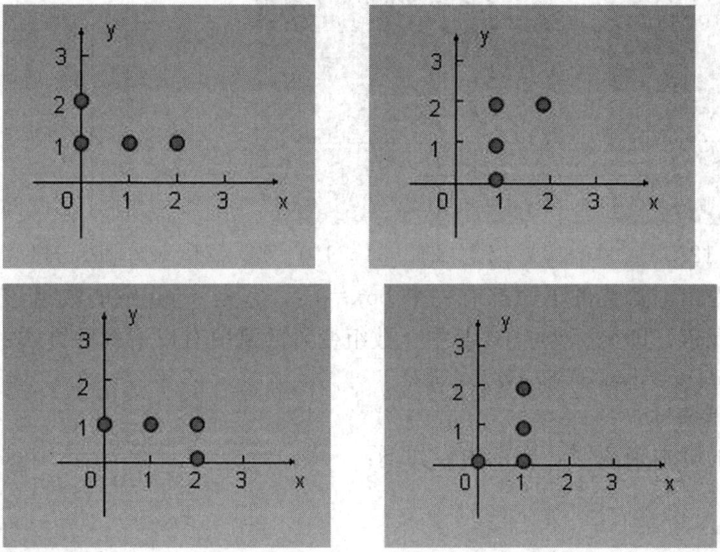

box3＝(01　02　11　21　10　11　12　22　01　11　20　21　00　10　11　12)

(5)box4。

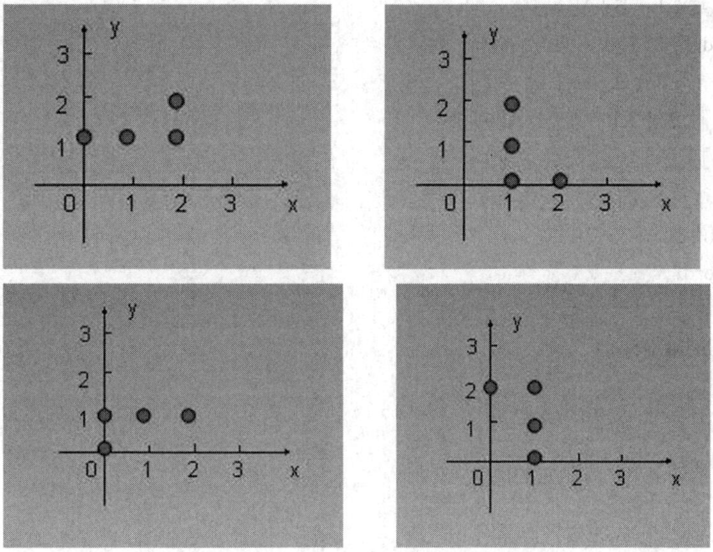

box4＝(01　11　21　22　10　11　12　20　00　01　11　21　02　10　11　12)

(6)box5。

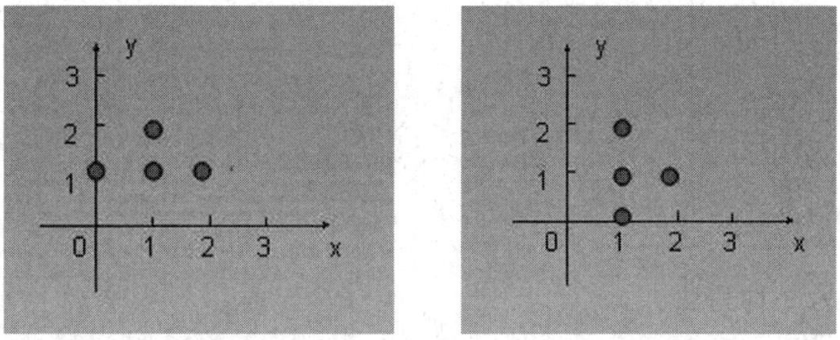

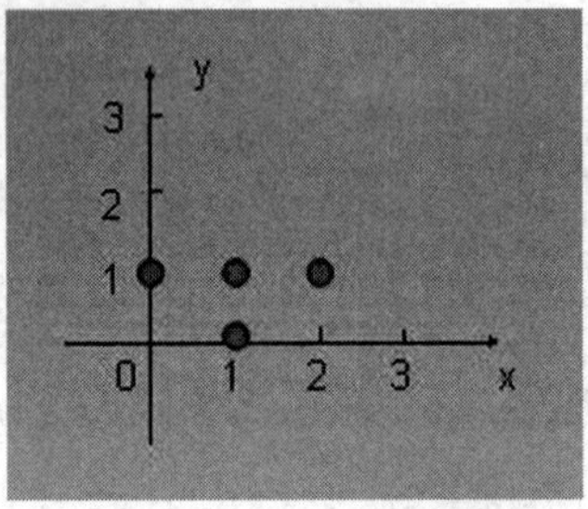

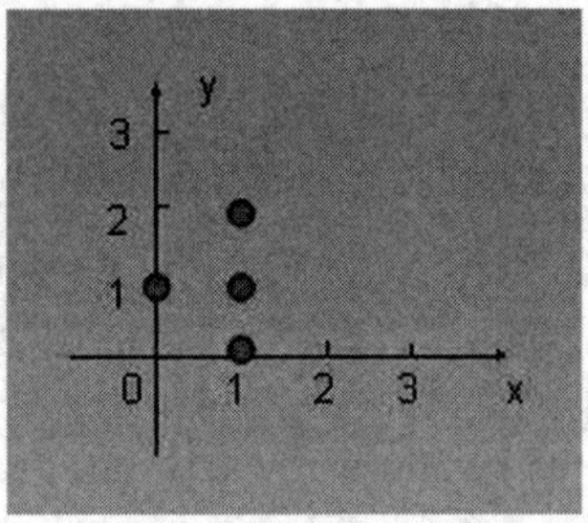

box5=(01　11　12　21　10　11　12　21　01　1 0　11　21　01　10　11　12)

从上面我们可以看出，每幅图下面都有一个 box=()，它是 shell 中的数组，后面括号里面放的是它的元素，即坐标点。Bash 中，数组变量的赋值有以下两种方法：

- name=(value1... valuen)此时小标从 0 开始
- name[index]=value

下面以一个简单的脚本来说明，脚本内容如下：

```
#! /bin/bash
#定义数组
A=(a  b  c  def)
#把数组按字符串显示输出
echo ${A[@]}或 echo ${A[*]}
显示:a  b  c  def
#数组的长度表示${#A[*]}
len=${#A[*]}或者 len=${#A[@]}
echo ${#A[*]}
显示:4
#改变数组元素的值
A[3]="hello word"
echo ${A[*]}
显示:a  b  c  hello word
#循环输出数组
len=${#A[@]}
for  ((i=0;i<len;i++))
do
        echo-n"${A[i]}"
done
-----------------------------------
((i=0))
while((i<len))
do
    echo"${A[i]}"
    ((i=i+1))
done
```

循环输出数组元素的另一种写法：

```
for value in ${A[*]}
```

```
do
echo $value
done
```

注意： ${A[*]}不能写成$A，$A默认是第一个元素，如果A="a b c ded"，就可以写$A。

现在坐标点有了，那怎样把这些坐标点显示在屏幕上呢？这里我们要看一下shell中echo的用法，echo的基本语法这里不再赘述。

echo要变换颜色的时候，要使用-e，格式如下：

echo-e"\033[背景颜色;字体颜色m字符串\033[0m"

例如：echo-e" \ 033[41；36m something here \ 033[0m"，其中41的位置代表底色，36的位置代表字的颜色。

例如，让字体变为红色并且不停地闪烁。实现代码如下：

echo-e"\033[31m\033[05m请确认是否要停止当前的sequid进程,输入[Y|N]\033[0m"

字背景颜色范围:40～49

40:黑　41:深红　42:绿　43:黄　44:蓝　45:紫　46:深绿　47:白色

字颜色:30～39

30:黑　31:红　32:绿　33:黄　34:蓝　35:紫　36:深绿　37:白

ANSI控制码的说明：

\033[0m——关闭所有属性　\033[1m——设置高亮度

\033[4m——下划线　\033[y;xH——设置光标位置

显示坐标点的代码如下图所示：

```
#!/bin/bash

box0=(0 0 0 1 1 0 1 1)

left=5
top=5

echo -e   "\033[31m\033[1m"

for(( i = 0,j = 0;i < ${#box0[@]};i = i + 2 ))
do

    (( x = left + 3 * ${box0[i]} ))
    (( y = top + ${box0[i+1]} ))

    echo -e   "\033[${y};${x}H[*]"
done

echo -e "\033[0m"
```

效果如下图所示：

```
[*][*]
[*][*]
```

实训模块 1：shell 脚本中信号的使用

通过改变 x，y 的坐标，在屏幕的不同地方绘制图形。方法是通过方向键(A S D W)来改变 x，y 的坐标。

基础知识：shell 的信号处理过程。

(1)trap 捕捉到信号之后，可以有三种反应方式。

①执行一段程序来处理这一信号。

②接受信号的默认操作。

③忽视这一信号。

(2)trap 对上面三种方式提供了三种基本形式。

①第一种形式的 trap 命令在 shell 接收到 signal-list 清单中数值相同的信号时，将执行双引号中的命令串。

```
trap 'commands' signal-list
trap "commands" signal-list
```

②为了恢复信号的默认操作，使用第二种形式的 trap 命令。

```
trap signal-list
```

③第三种形式的 trap 命令允许忽视信号。

```
trap ""  signal-list
```

注意：

①对信号 11 不能捕捉，因为 shell 本身需要捕捉该信号去进行内存的转储。

②在 trap 中可以定义对信号 0 的处理(实际上没有这个信号)，shell 程序在其终止时(如执行 exit 语句时)发出该信号。

(3)在捕捉到 signal-list 中指定的信号并执行完相应的命令之后，如果这些命令没有将 shell 程序终止的话，shell 程序将继续执行收到信号时所执行的命令后面的命令。另外，在 trap 语句中，单引号和双引号是不同的，当 shell 程序第一次碰到 trap 语句时，将把 commands 中的命令扫描一遍。此时若 commands 是单引号括起来的话，那么 shell 不会对 commands 中的变量和命令进行替换，否则 commands 中的变量和命令将用当时具体的值来替换。

代码实现：

```
#! /bin/bash

SigA=20
SigS=21
SigD=22
SigW=23
sig=0
function Register_Signal()
{
trap "sig=$SigA;" $SigA
```

```
trap "sig= $ SigS;" $ SigS
trap "sig= $ SigD;" $ SigD
trap "sig= $ SigW;" $ SigW
}
function Recive_Signal()
{
Register_Signal

while true
do
sigThis= $ sig

case" $ sigThis" in
" $ SigA")
echo"A"
sig=0
;;
" $ SigS")
echo"S"
sig=0
;;
" $ SigD")
echo"D"
sig=0
;;
" $ SigW")
echo"W"
sig=0
;;
esac
done
}
function Kill_Signal()
{
local sigThis
while:
do
read-s-n 1 key
case" $ key" in
"W"|"w")
kill- $ SigW  $ 1
;;
"S"|"s")
```

```
kill-$SigS $1
;;
"A"|"a")
kill-$SigA $1
;;
"D"|"d")
kill-$SigD $1
;;
"Q"|"q")
kill-9 $1
exit
esac

done
}

if [["$1"=="--show"]]
then
Recive_Signal
else
bash $0--show &
Kill_Signal $!
fi
```

这段 shell 脚本的功能是：按(A S D W)键会打印出对应的字母，按 Q 键退出。

实训模块 2：屏幕上画可移动的方块

下面就让 box0 在屏幕的任意地方动起来。

实现功能：A →左移　D→右移　W→向上　S→向下

思路就是通过改变 x，y 的坐标，在屏幕不同的地方，把 box0 画出来。

代码实现：

```
#! /bin/bash
#信号
SigA=20
SigS=21
SigD=22
SigW=23
sig=0
#方块在屏幕上的坐标点
box0=(0 0 0 1 1 0 1 1)

#边缘距离
```

```
top=3
left=3

#当前 x,y 坐标
currentX=15
currentY=2

function Draw_Box()
{
  local i j x y

     if(( $1==0))
     then
for  ((i=0;i<8;i+=2))
      do
      ((x=left+3*(currentX+ ${box0[i]})))
      ((y=top+currentY+ ${box0[i+1]}))
      echo -e "\033[ ${y}; ${x}H"
            done-
        else
          echo-e"\033[31m\033[1m"
        for((i=0;i<8;i+=2))
          do
          ((x=left+3*(currentX+ ${box0[i]})))
          ((y=top+currentY+ ${box0[i+1]}))

                echo-e"\033[ ${y}; ${x}H[*]"
        done
      fi

      echo-e"\033[0m"
}

function move_left()
{


  if((currentX==0))
   then
          return 1;
   fi
    #先清除以前的方块
  Draw_Box 0
```

```
    #改变 x 坐标
    ((currentX--))
      #画出新的方块
    Draw_Box 1

      return 0;
}

function move_right()
{

      if((currentX >20))
    then
          return 1;
      fi

      #先清除以前的方块
      Draw_Box 0

      #改变 x 坐标
      ((currentX++))

      #画出新的方块
      Draw_Box 1

      return 0;
}


function move_up()
{

    if((currentY==0))
      then
          return 1;
      fi

      #先清除以前的方块
      Draw_Box 0

      #改变 x 坐标
      ((currentY--))
```

```
    #画出新的方块
    Draw_Box 1

    return 0;
}


function move_down()
{

    if((currenty>20))
    then
        return 1;
    fi

   #先清除以前的方块
    Draw_Box 0

    #改变 x 坐标
    ((currentY++))

    #画出新的方块
    Draw_Box 1

    return 0;
}


function Register_Signal()
{
  trap "sig=$SigA;" $SigA
  trap "sig=$SigS;" $SigS
  trap "sig=$SigD;" $SigD
    trap "sig=$SigW;" $SigW
}

function Recive_Signal()
{
    Register_Signal

    Draw_Box 1

    while true
```

```
    do
        sigThis=$sig

        case "$sigThis" in
            "$SigA")
                move_left
                sig=0
                ;;

            "$SigS")
                move_down
                sig=0
                ;;

            "$SigD")
                move_right
                sig=0
                ;;

            "$SigW")
                move_up
                sig=0
                ;;
        esac

    done
}
function Kill_Signal()
{
  local sigThis

    while:
do
  read-s-n 1 key
        case "$key" in

            "W"|"w")
                kill-$SigW $1
                ;;
            "S"|"s")
                kill-$SigS $1
                ;;
            "A"|"a")
```

```
                kill-$SigA $1
                ;;
            "D"|"d")
                kill-$SigD $1
                ;;
            "Q"|"q")
                kill-9 $1
                exit
        esac

        done
    }

    if [[ "$1"=="--show" ]]
    then
        Recive_Signal
    else
        bash $0--show &
        Kill_Signal $!
    fi
```

实训模块 3：随机产生方块并改变形状

使用随机产生的盒子号，确定此盒子在 box 中的位置，然后从此位置开始，把它的所有造型在屏幕上逐个画出来。

基础知识：shell 中产生随机数的方法。

(1)通过时间获得随机数(date)。

可以说时间是唯一的，也是不会重复的，可从这个里面获得同一时间的唯一值。

• date +%s

如果用它做随机数，相同一秒的数据是一样的。

• date +%N

这个相当精确，就算在多个 CPU 里大量循环，同一秒内也很难出现相同结果，但是不同时间里还是会出现大量重复碰撞的。

• date +%s%N

这个可以说比较完美，加入了时间戳，且加上了纳秒。

(2)通过内部系统变量获得随机数($RANDOM)。

Linux 已经提供了系统环境变量，其实就是随机数。

• echo $RANDOM

通过它，我们获得的数据是一个小于或等于 5 位的整数。

随机数方块源代码：

```
#! /bin/bash
```

```
#七种不同的方块定义
#通过旋转,每种方块显示的样式可能有几种
box0=(0 0 0 1 1 0 1 1)
box1=(0 2 1 2 2 2 3 2 1 0 1 1 1 2 1 3)
box2=(0 0 0 1 1 1 1 2 0 1 1 0 1 1 2 0)
box3=(0 1 0 2 1 0 1 1 0 0 1 0 1 1 2 1)
box4=(0 1 0 2 1 1 2 1 1 0 1 1 1 2 2 2 0 1 1 1 2 0 2 1 0 0 1 0 1 1 1 2)
box5=(0 1 1 1 2 1 2 2 1 0 1 1 1 2 2 0 0 0 0 1 1 1 2 1 0 2 1 0 1 1 1 2)
box6=(0 1 1 1 1 2 2 1 1 0 1 1 1 2 2 1 0 1 1 0 1 1 2 1 0 1 1 0 1 1 1 2)
#把所有盒子放在 box 中
box=(${box0[@]} ${box1[@]} ${box2[@]} ${box3[@]} ${box4[@]} ${box5[@]} ${box6[@]})
#每个盒子在 box 中的偏移
boxOffset=(0 1 3 5 7 11 15)
#旋转次数
rotateCount=(1 2 2 2 4 4 4)
#颜色数组
colourArry=(31 32 33 34 35 36 37)
#选装类型
rotateType=-1
#盒子标号
boxNum=-1
#新盒子
newBox=()
#边缘距离
top=3
left=3
#当前 x,y 坐标
currentX=15
currentY=2
function Draw_Box()
{
    local i j x y

if  (($1==0))
  then
for((i=0;i<8;i+=2))
do
((x=left+3*(currentX+${newBox[i]})))
((y=top+currentY+${newBox[i+1]}))
echo-e"\033[${y};${x}H"
  done
else
```

```
  echo-e"\033[${colourArry[$colourNum]}m\033[1m"
  for((i=0;i<8;i+=2))
  do
  ((x=left+3*(currentX+${newBox[i]})))
((y=top+currentY+${newBox[i+1]}))
    echo-e"\033[${y};${x}H[*]"
    done
    fi
  echo-e"\033[0m"
}
function Random_Box()
{
#随机产生盒子号
  ((boxNum=$RANDOM % 7))
#随机产生盒子的类型
  ((rotateType=$RANDOM % ${rotateCount[boxNum]}))
#随机产生颜色
  ((colourNum=$RANDOM % ${#colourArry[*]}))
#找到所在box中的起始位置
  ((j=${boxOffset[boxNum]}*8+rotateType*8))
    for((i=0;i<8;i++))
  do
    ((newBox[i]=${box[j+i]}))
      done
}
while:
do
  Random_Box
  Draw_Box 1
  sleep 1
  Draw_Box 0
done
```

实训模块4：屏幕上画矩形外框

源代码：

```
#! /bin/bash
#七种不同的方块的定义
#通过旋转,每种方块显示的样式可能有几种
box0=(0 0 0 1 1 0 1 1)
box1=(0 2 1 2 2 2 3 2 1 0 1 1 1 2 1 3)
box2=(0 0 0 1 1 1 1 2 0 1 1 0 1 1 2 0)
```

```
box3=(0 1 0 2 1 0 1 1 0 0 1 0 1 1 2 1)
box4=(0 1 0 2 1 1 2 1 1 0 1 1 1 2 2 2 0 1 1 1 2 0 2 1 0 0 1 0 1 1 1 2)
box5=(0 1 1 1 2 1 2 2 1 0 1 1 1 2 2 0 0 0 0 1 1 1 2 1 0 2 1 0 1 1 1 2)
box6=(0 1 1 1 1 2 2 1 1 0 1 1 1 2 2 1 0 1 1 0 1 1 2 1 0 1 1 0 1 1 1 2)

#把所有盒子放在 box 中
box=( ${box0[@]} ${box1[@]} ${box2[@]} ${box3[@]} ${box4[@]} ${box5
[@]} ${box6[@]})

#每个盒子在 box 中的偏移
boxOffset=(0 1 3 5 7 11 15)

#旋转次数
rotateCount=(1 2 2 2 4 4 4)

#颜色数组
colourArry=(31 32 33 34 35 36 37)

#选装类型
rotateType=-1

#盒子标号
boxNum=-1

#新盒子
newBox=()

#边缘距离
top=3
left=3

#当前 x,y 坐标
currentX=15
currentY=2

#信号
SigA=20
SigS=21
SigD=22
SigW=23
sig=0

#随机产生盒子
```

```
function Random_Box()
{
    #随机产生盒子号
    ((boxNum= $RANDOM % 7))
    #随机产生盒子的类型
    ((rotateType= $RANDOM % ${rotateCount[boxNum]}))
    #随机产生颜色
    ((colourNum= $RANDOM % ${#colourArry[*]}))

    #找到所在 box 中的起始位置
    ((j= ${boxOffset[boxNum]} * 8+rotateType * 8))

    for((i=0;i<8;i++))
    do
        ((newBox[i]= ${box[j+i]}))
    done
}

function Draw_Box()
{
    local i j x y



    if(( $1==0))
    then
        for((i=0;i<8;i+=2))
        do
        ((x=left+3 * (currentX+ ${newBox[i]})))
            ((y=top+currentY+ ${newBox[i+1]}))

            echo-e"\033[ ${y}; ${x}H"
        done
    else
        echo-e"\033[ ${colourArry[ $colourNum]}m\033[1m"
        for((i=0;i<8;i+=2))
        do
        ((x=left+3 * (currentX+ ${newBox[i]})))
            ((y=top+currentY+ ${newBox[i+1]}))

            echo-e"\033[ ${y}; ${x}H[ * ]"
        done
    fi
```

```
    echo-e"\033[0m"
}

function move_left()
{
    local temp

    if((currentX==0))
    then
        return 1
    fi

    #先清除以前的方块
    Draw_Box 0

    #改变 x 坐标
    ((currentX--))

    #画出新的方块
    Draw_Box 1

    return 0
}


function move_right()
{

    if((currentX >20))
    then
        return 1;
    fi

    #先清除以前的方块
    Draw_Box 0

    #改变 x 坐标
    ((currentX++))

    #画出新的方块
    Draw_Box 1

    return 0;
```

```
}

#记录已经旋转的方块次数
tempCount=0

#按下 W 键旋转处理
function box_rotate()
{
    local start_post

    ((tempCount++))
    #echo ${rotateCount[boxNum]}
    if((tempCount>=${rotateCount[boxNum]}))
    then
        ((tempCount=0))
    fi

    #每个盒子在 box 中的起始位置
    ((start_post=${boxOffset[boxNum]}*8+tempCount*8))

    for((i=0;i<8;i++))
    do
        ((newBox[i]=${box[start_post+i]}))
    done

    return 0
}

function move_rotate()
{

    if((currentY==0))
    then
        return 1;
    fi

    #先清除以前的方块
    Draw_Box 0

    #改变当前方块的形状
    box_rotate

    #画出新的方块
```

```
    Draw_Box 1

    return 0;
}


function move_down()
{

    if((currenty>20))
    then
        return 1;
    fi

    #先清除以前的方块
    Draw_Box 0

    #改变 x 坐标
    ((currentY++))

    #画出新的方块
    Draw_Box 1

    return 0;
}


function Register_Signal()
{
    trap"sig=$SigA;"$SigA
    trap"sig=$SigS;"$SigS
    trap"sig=$SigD;"$SigD
    trap"sig=$SigW;"$SigW
}

function Recive_Signal()
{

    Random_Box
    Draw_Box 1
    Register_Signal

    while true
```

```
    do
        sigThis=$sig

    case "$sigThis" in
        "$SigA")
            move_left
            sig=0
            ;;

        "$SigS")
            move_down
            sig=0
            ;;

        "$SigD")
            move_right
            sig=0
            ;;

        "$SigW")
            move_rotate
            sig=0
            ;;
      esac

    done
}

function Kill_Signal()
{
    local sigThis

    while:
    do
        read-s-n 1 key

        case "$key" in

            "W"|"w")
                kill-$SigW $1
                ;;
            "S"|"s")
                kill-$SigS $1
```

```
                ;;
            "A"|"a")
                kill-$SigA $1
                ;;
            "D"|"d")
                kill-$SigD $1
                ;;
            "Q"|"q")
                kill-9 $1
                exit
    esac

    done
}

if [["$1"=="--show"]]
then
    Recive_Signal
else
    bash $0--show &
    Kill_Signal $!
fi
```

实训模块 5：方块从矩形顶部落下，底部结束

源代码：

```
#!/bin/bash
clear
#边缘距离
left=10
top=5
#矩阵的长和宽
widthSize=25
hightSize=25
#画出矩阵
function draw_rectangle()
{
    local x y
    echo-e"\033[32m\033[46m\033[1m"
  for((i=0;i<widthSize;i++))
  do
```

```
        ((x=left+i))
        ((y=top+hightSize-1))
        echo-e"\033[${top};${x}H="
        echo-e"\033[${y};${x}H="
  done
    for((i=0;i<hightSize;i++))
    do
    ((x=left+widthSize-1))
      ((y=top+i))
  echo-e"\033[${y};${left}H||"
      echo-e"\033[${y};${x}H||"
    done
  echo-e"\033[0m"
}
draw_rectangle
```

实训模块 6：让盒子从矩阵顶部下落到底部停止

源代码：

```
#! /bin/bash
#七种不同的方块的定义
#通过旋转,每种方块显示的样式可能有几种
box0=(0 0 0 1 1 0 1 1)
box1=(0 2 1 2 2 2 3 2 1 0 1 1 1 2 1 3)
box2=(0 0 0 1 1 1 1 2 0 1 1 0 1 1 2 0)
box3=(0 1 0 2 1 0 1 1 0 0 1 0 1 1 2 1)
box4=(0 1 0 2 1 1 2 1 1 0 1 1 1 2 2 2 0 1 1 1 2 0 2 1 0 0 1 0 1 1 1 2)
box5=(0 1 1 1 2 1 2 2 1 0 1 1 1 2 2 0 0 0 0 1 1 1 2 1 0 2 1 0 1 1 1 2)
box6=(0 1 1 1 1 2 2 1 1 0 1 1 1 2 2 1 0 1 1 0 1 1 2 1 0 1 1 0 1 1 1 2)
#把所有盒子放在 box 中
box=(${box0[@]} ${box1[@]} ${box2[@]} ${box3[@]} ${box4[@]} ${box5
[@]} ${box6[@]})
#每个盒子在 box 中的偏移
boxOffset=(0 1 3 5 7 11 15)
#旋转次数
rotateCount=(1 2 2 2 4 4 4)
#颜色数组
colourArry=(31 32 33 34 35 36 37)
#选装类型
rotateType=-1
#盒子标号
```

```
boxNum=-1
#新盒子
newBox=()
#边缘距离
left=10
top=5
#矩阵的长和宽
widthSize-28
hightSize=26
#确定从矩阵哪个地方出来
function ensure_postion()
{
local sumx=0 i j
    ((minx=${newBox[0]}))
    ((miny=${newBox[1]}))
    ((maxy=miny))
  for((i=2;i<${#newBox[*]};i+=2))
    do
     #确定最小的 x 坐标
    if((minx>${newBox[i]}))
        then
        ((minx=${newBox[i]}))
fi
     #确定最小的 y 坐标
    if((miny>${newBox[i+1]}))
  then
        ((miny=${newBox[i+1]}))
  fi
if((${newBox[i]}==${newBox[i-2]}))
  then
        continue
    fi
      ((sumx++))
  done
if((sumx==0))
  then
        ((sumx=1))
  fi
         #当前 x,y 坐标
  ((currentX=left+widthSize/2-sumx*2-minx))
  ((currentY=top+1-miny))
    return 0
}
```

```
#画出矩阵
function draw_rectangle()
{
    local x y

    echo-e"\033[32m\033[46m\033[1m"

    for((i=0;i<widthSize;i++))
    do
  ((x=left+i))
  ((y=top+hightSize-1))

        echo-e"\033[${top};${x}H="
          echo-e"\033[${y};${x}H="

    done

    for((i=0;i<hightSize;i++))
    do
        ((x=left+widthSize-1))
        ((y=top+i))

      echo-e"\033[${y};${left}H||"
        echo-e"\033[${y};${x}H||"

  done

  echo-e"\033[0m"
}
#画出方块
function Draw_Box()
{
    local i j x y

    if(($1==0))
    then
        for((i=0;i<8;i+=2))
        do
            ((x=currentX+3*${newBox[i]}))
            ((y=currentY+${newBox[i+1]}))
        echo-e"\033[${y};${x}H"
        done
  else
```

```
    echo -e "\033[${colourArry[$colourNum]}m\033[1m"
    for((i=0;i<8;i+=2))
        do
            ((x=currentX+3*${newBox[i]}))
          ((y=currentY+${newBox[i+1]}))

            echo -e "\033[${y};${x}H[*]"
        done
    fi

    echo -e "\033[0m"
}

#随机产生方块
function Random_Box()
{
    #随机产生盒子号
    ((boxNum=$RANDOM % 7))
    #随机产生盒子的类型
    ((rotateType=$RANDOM % ${rotateCount[boxNum]}))
    #随机产生颜色
    ((colourNum=$RANDOM % ${#colourArry[*]}))

    #找到所在 box 中的起始位置
    ((j=${boxOffset[boxNum]}*8+rotateType*8))

    for((i=0;i<8;i++))
    do
        ((newBox[i]=${box[j+i]}))
    done
}

#判断能否下移
function move_test()
{
        local vary=$1 i

        #当前的 y 坐标加上 newBox 里面的坐标,其值是否大于 28
for((i=0;i<${#newBox[@]};i+=2))
        do
            if((vary+${newBox[i+1]}>28))
            then
                return 0
```

```
            fi
        done

        return 1
}


draw_rectangle
Random_Box
ensure_postion

while:
do
    Draw_Box 1

    sleep 0.1
    Draw_Box 0

    ((currentY++))

    if move_test currentY
      then
            Draw_Box 1
            sleep 2
            Draw_Box 0
            Random_Box
            ensure_postion
      fi

done

echo
```

程序完整代码实现：通过键盘改变方块形状和移动方块，并且实现累加。

```
#! /bin/bash
#Tetris Game
#APP declaration
APP_NAME='basename $0'        #"${0##*[\\/]}"
APP_VERSION="1.0"
#颜色定义
cRed=1
cGreen=2
cYellow=3
cBlue=4
```

```
cFuchsia=5
cCyan=6
cWhite=7
colorTable=($cRed $cGreen $cYellow $cBlue $cFuchsia $cCyan $cWhite)

#位置和大小
iLeft=3
iTop=2
((iTrayLeft=iLeft+2))
((iTrayTop =iTop+1))
((iTrayWidth=10))
((iTrayHeight=15))
#颜色设置
cBorder=$cGreen
cScore=$cFuchsia
cScoreValue=$cCyan
#控制信号
#该游戏使用两个进程,一个用于接收输入,一个用于游戏流程和显示界面
#当前者接收到上下左右等按键时,通过发送 signal 的方式通知后者
sigRotate=25
sigLeft=26
sigRight=27
sigDown=28
sigAllDown=29
sigExit=30
#七种不同的方块的定义
#通过旋转,每种方块显示的样式可能有几种
box0=(0 0 0 1 1 0 1 1)
box1=(0 2 1 2 2 2 3 2 1 0 1 1 1 2 1 3)
box2=(0 0 0 1 1 1 1 2 0 1 1 0 1 1 2 0)
box3=(0 1 0 2 1 0 1 1 0 0 1 0 1 1 2 1)
box4=(0 1 0 2 1 1 2 1 1 0 1 1 1 2 2 2 0 1 1 1 2 0 2 1 0 0 1 0 1 1 1 2)
box5=(0 1 1 1 2 1 2 2 1 0 1 1 1 2 2 0 0 0 0 1 1 1 2 1 0 2 1 0 1 1 1 2)
box6=(0 1 1 1 1 2 2 1 1 0 1 1 1 2 2 1 0 1 1 0 1 1 2 1 0 1 1 0 1 1 1 2)
#所有其中方块的定义都放到 box 变量中
box=(${box0[@]} ${box1[@]} ${box2[@]} ${box3[@]} ${box4[@]} ${box5
[@]} ${box6[@]})
#各种方块旋转后可能的样式数目
countBox=(1 2 2 2 4 4 4)
#各种方块在 box 数组中的偏移
offsetBox=(0 1 3 5 7 11 15)
#每提高一个速度级需要积累的分数
iScoreEachLevel=50          #be greater than 7
```

```
#运行时数据
sig=0                               #接收到的 signal
iScore=0              #总分
iLevel=0              #速度级
boxNew=()             #新下落的方块的位置定义
cBoxNew=0             #新下落的方块的颜色
iBoxNewType=0           #新下落的方块的种类
iBoxNewRotate=0         #新下落的方块的旋转角度
boxCur=()             #当前方块的位置定义
cBoxCur=0             #当前方块的颜色
iBoxCurType=0           #当前方块的种类
iBoxCurRotate=0           #当前方块的旋转角度
boxCurX=-1            #当前方块的 x 坐标位置
boxCurY=-1            #当前方块的 y 坐标位置
iMap=()                         #背景方块图表

#初始化所有背景方块为-1,表示没有方块
for((i=0;i<iTrayHeight * iTrayWidth;i++));do iMap[$i]=-1;done


#接收输入的进程的主函数
function RunAsKeyReceiver()
{
        local pidDisplayer key aKey sig cESC sTTY
        pidDisplayer=$1
        aKey=(0 0 0)

        cESC='echo-ne"\033"'
        cSpace='echo-ne"\040"'

#保存终端属性。在 read-s 读取终端键,终端的属性会被暂时改变
      #如果在 read-s 时程序被不幸杀掉,可能会导致终端混乱
        #需要在程序退出时恢复终端属性
        sTTY='stty-g'
          #捕捉退出信号
        trap "MyExit;"INT TERM
        trap "MyExitNoSub;"$sigExit
          #隐藏光标
        echo-ne"\033[?25l"
        while:
        do
    #读取输入。注:-s 不回显,-n 读到一个字符立即返回
                read-s-n 1 key
```

```
                aKey[0]=${aKey[1]}
                aKey[1]=${aKey[2]}
                aKey[2]=$key
                sig=0

                #判断输入了何种键
if [[$key==$cESC && ${aKey[1]}==$cESC]]
                then
                        #Esc 键
                        MyExit
        elif [[${aKey[0]}==$cESC && ${aKey[1]}=="["]]
        then
  if [[$key=="A"]];then sig=$sigRotate
    #<向上键>
  elif [[$key=="B"]];then sig=$sigDown        #<向下键>
  elif [[$key=="D"]];then sig=$sigLeft     #<向左键>
        elif [[$key=="C"]];then sig=$sigRight     #<向右键>
                                fi
  elif [[$key=="W" || $key=="w"]];then sig=$sigRotate      #W,w
  elif [[$key=="S" || $key=="s"]];then sig=$sigDown     #S,s
  elif [[$key=="A" || $key=="a"]];then sig=$sigLeft     #A,a
  elif [[$key=="D" || $key=="d"]];then sig=$sigRight     #D,d
  elif [["[$key]"=="[]"]];then sig=$sigAllDown     #空格键
        elif [[$key=="Q" || $key=="q"]]
                #Q,q
                then
                        MyExit
                fi

                if [[$sig !=0]]
                then
                                #向另一进程发送消息
                kill-$sig $pidDisplayer
                fi
        done
}

#退出前的恢复
function MyExitNoSub()
{
        local y
```

```
        #恢复终端属性
        stty $sTTY
        ((y=iTop+iTrayHeight+4))

        #显示光标
        echo-e"\033[? 25h\033[${y};0H"
        exit
}


function MyExit()
{
        #通知显示进程需要退出
        kill-$sigExit $pidDisplayer

        MyExitNoSub
}


#处理显示和游戏流程的主函数
function RunAsDisplayer()
{
        local sigThis
        InitDraw

        #挂载各种信号的处理函数
        trap "sig=$sigRotate;" $sigRotate
        trap "sig=$sigLeft;" $sigLeft
        trap "sig=$sigRight;" $sigRight
        trap "sig=$sigDown;" $sigDown
        trap "sig=$sigAllDown;" $sigAllDown
        trap "ShowExit;" $sigExit

        while:
        do
#根据当前的速度级 iLevel 不同,设定相应的循环次数
                for((i=0;i<21- iLevel;i++))
                do
                        sleep 0.02
                        sigThis=$sig
                        sig=0

#根据 sig 变量判断是否接受到相应的信号
```

```
    if((sigThis==sigRotate));then BoxRotate;          #旋转
elif((sigThis==sigLeft));then BoxLeft;            #左移一列
elif((sigThis==sigRight));then BoxRight;          #右移一列
  elif((sigThis==sigDown));then BoxDown;            #下落一行
  elif((sigThis==sigAllDown));then BoxAllDown;          #下落到底
                        fi
                done
                #kill-$sigDown $$
                BoxDown           #下落一行
    done
}
```

#BoxMove(y,x),测试是否可以把移动中的方块移到(x,y)的位置,返回 0 则可以,1 则不可以

```
    function BoxMove()
    {
        local j i x y xTest yTest
        yTest=$1
        xTest=$2
        for((j=0;j<8;j+=2))
        do
                ((i=j+1))
                ((y=${boxCur[$j]}+yTest))
                ((x=${boxCur[$i]}+xTest))
if((y<0||y>=iTrayHeight||x<0||x>=iTrayWidth))
                then
                        #撞到墙壁了
                        return 1
                fi
    if((${iMap[y*iTrayWidth+x]}!=-1))
                then
            #撞到其他已经存在的方块了
                        return 1
                fi
        done
        return 0;
}
```

#将当前移动中的方块放到背景方块中去,并计算新的分数和速度级

```
function Box2Map()
```

```
{
        local j i x y xp yp line

        #将当前移动中的方块放到背景方块中去
        for((j=0;j<8;j+=2))
        do
                ((i=j+1))
                ((y=${boxCur[$j]}+boxCurY))
                ((x=${boxCur[$i]}+boxCurX))
                ((i=y*iTrayWidth+x))
                iMap[$i]=$cBoxCur
        done

        #消去可被消去的行
        line=0
for((j=0;j<iTrayWidth*iTrayHeight;j+=iTrayWidth))
        do
          for((i=j+iTrayWidth-1;i>=j;i--))
                do
          if((${iMap[$i]}==-1));then break;fi

                done
                if((i>=j));then continue;fi
                ((line++))
                for((i=j-1;i>=0;i--))
                do
                        ((x=i+iTrayWidth))
                        iMap[$x]=${iMap[$i]}
                done
                for((i=0;i<iTrayWidth;i++))
                do
                        iMap[$i]=-1
                done
        done

        if((line==0));then return;fi

        #根据消去的行数 line 计算分数和速度级
        ((x=iLeft+iTrayWidth*2+7))
        ((y=iTop+11))
        ((iScore+=line*2-1))
        #显示新的分数
echo-ne"\033[1m\033[3${cScoreValue}m\033[${y};${x}H${iScore}"
```

```
        if((iScore % iScoreEachLevel<line * 2-1))
        then
                if((iLevel<20))
                then
                        ((iLevel++))
                        ((y=iTop+14))
                        #显示新的速度级
    echo-ne"\033[3${cScoreValue}m\033[${y};${x}H${iLevel}                "
                fi
        fi
        echo-ne"\033[0m"


        #重新显示背景方块
        for((y=0;y<iTrayHeight;y++))
        do
                ((yp =y+iTrayTop+1))
                ((xp =iTrayLeft+1))
                ((i=y * iTrayWidth))
                echo-ne"\033[${yp};${xp}H"
          for((x=0;x<iTrayWidth;x++))
                do
                        ((j=i+x))
     if((${iMap[$j]}==-1))
                        then
                      echo-ne"  "
                        else
  echo-ne"\033[1m\033[7m\033[3${iMap[$j]}m\033[4${iMap[$j]}m[]\033[0m"
                        fi
                done
        done
}
#下落一行
function BoxDown()
{
        local y s
        ((y=boxCurY+1))          #新的 y 坐标
    if BoxMove $y $boxCurX          #测试是否可以下落一行
        then
  s="'DrawCurBox 0'"          #将旧的方块抹去
                ((boxCurY=y))
    s="$s'DrawCurBox 1'"          #显示新的下落后方块
                echo-ne $s
```

```
        else
                #走到这儿,如果不能下落了
    Box2Map         #将当前移动中的方块贴到背景方块中
  RandomBox            #产生新的方块
        fi
}

#左移一列
function BoxLeft()
{
        local x s
        ((x=boxCurX-1))
        if BoxMove $boxCurY $x
        then
                s='DrawCurBox 0'
                ((boxCurX=x))
                s=$s'DrawCurBox 1'
                echo-ne $s
        fi
}

#右移一列
function BoxRight()
{
        local x s
        ((x=boxCurX+1))
        if BoxMove $boxCurY $x
        then
                s='DrawCurBox 0'
                ((boxCurX=x))
                s=$s'DrawCurBox 1'
                echo-ne $s
        fi
}

#下落到底
function BoxAllDown()
{
        local k j i x y iDown s
        iDown=$iTrayHeight

        #计算一共需要下落多少行
        for((j=0;j<8;j+=2))
```

```
        do
                ((i=j+1))
                ((y=${boxCur[$j]}+boxCurY))
                ((x=${boxCur[$i]}+boxCurX))
      for((k=y+1;k<iTrayHeight;k++))
                do
          ((i=k*iTrayWidth+x))
        if(( ${iMap[$i]}! =-1));then break;fi
                done
                ((k-=y+1))
  if(( $iDown> $k));then iDown= $k;fi
        done
          s='DrawCurBox 0'          #将旧的方块抹去
        ((boxCurY+=iDown))
      s=$s'DrawCurBox 1'            #显示新的下落后的方块
      echo-ne $s
  Box2Map              #将当前移动中的方块贴到背景方块中
      RandomBox          #产生新的方块
}


#旋转方块
function BoxRotate()
{
        local iCount iTestRotate boxTest j i s
iCount=${countBox[$iBoxCurType]}  #当前的方块经旋转可以产生的样式的数目

        #计算旋转后的新的样式
        ((iTestRotate=iBoxCurRotate+1))
        if((iTestRotate>=iCount))
        then
                ((iTestRotate=0))
        fi

        #更新到新的样式,保存老的样式(但不显示)
for((j=0,i=(${offsetBox[$iBoxCurType]}+$iTestRotate)*8;j<8;j++,i++))
        do
                boxTest[$j]=${boxCur[$j]}
                boxCur[$j]=${box[$i]}
        done
if BoxMove $boxCurY $boxCurX          #测试旋转后是否有空间放得下
        then
                #抹去旧的方块
```

```
                for((j=0;j<8;j++))
                do
        boxCur[$j]=${boxTest[$j]}
                done
                s='DrawCurBox 0'

                #画上新的方块
for((j=0,i=(${offsetBox[$iBoxCurType]}+$iTestRotate)*8;j<8;j++,i++))
                do
                        boxCur[$j]=${box[$i]}
                done
                s=$s'DrawCurBox 1'
                echo-ne $s
                iBoxCurRotate=$iTestRotate
        else
                #不能旋转,还是继续使用老的样式
                for((j=0;j<8;j++))
                do
                        boxCur[$j]=${boxTest[$j]}
                done
        fi
}
#DrawCurBox(bDraw),绘制当前移动中的方块,bDraw为1则画上,bDraw为0则抹去方块
function DrawCurBox()
{
        local i j t bDraw sBox s
        bDraw=$1
        s=""
        if((bDraw==0))
        then
                sBox="\040\040"
        else
                sBox="[]"
   s=$s"\033[1m\033[7m\033[3${cBoxCur}m\033[4${cBoxCur}m"
        fi
        for((j=0;j<8;j+=2))
        do
((i=iTrayTop+1+${boxCur[$j]}+boxCurY))
((t=iTrayLeft+1+2*(boxCurX+${boxCur[$j+1]})))
                #\033[y;xH,光标到(x,y)处
                s=$s"\033[${i};${t}H${sBox}"
        done
        s=$s"\033[0m"
```

```
        echo-n $s
}

#更新新的方块
function RandomBox()
{
        local i j t
          #更新当前移动的方块
        iBoxCurType=${iBoxNewType}
        iBoxCurRotate=${iBoxNewRotate}
        cBoxCur=${cBoxNew}
        for((j=0;j<${#boxNew[@]};j++))
        do
                boxCur[$j]=${boxNew[$j]}
        done
        #显示当前移动的方块
        if((${#boxCur[@]}==8))
        then
                #计算当前方块该从顶端哪一行"冒"出来
    for((j=0,t=4;j<8;j+=2))
                do
      if((${boxCur[$j]}<t));then t=${boxCur[$j]};fi
                done
                ((boxCurY=-t))
  for((j=1,i=-4,t=20;j<8;j+=2))
                do
if((${boxCur[$j]}> i));then i=${boxCur[$j]};fi
        if((${boxCur[$j]}<t));then t=${boxCur[$j]};fi
                done
    ((boxCurX=(iTrayWidth-1-i-t)/2))

                #显示当前移动的方块
                echo-ne 'DrawCurBox 1'

                #如果方块一出来就没处放,Game over!
                if ! BoxMove $boxCurY $boxCurX
                then
                        kill-$sigExit ${PPID}
                        ShowExit
                fi
        fi
```

```
        #清除右边预显示的方块
        for((j=0;j<4;j++))
        do
                ((i=iTop+1+j))
                ((t=iLeft+2 * iTrayWidth+7))
            echo-ne"\033[${i};${t}H        "
        done

        #随机产生新的方块
        ((iBoxNewType=RANDOM % ${#offsetBox[@]}))
        ((iBoxNewRotate=RANDOM % ${countBox[$iBoxNewType]}))
    for((j=0,i=(${offsetBox[$iBoxNewType]}+$iBoxNewRotate) * 8;j<8;j++,i++))
        do
                boxNew[$j]=${box[$i]};
        done

    ((cBoxNew=${colorTable[RANDOM % ${#colorTable[@]}]}))

        #显示右边预显示的方块
    echo-ne"\033[1m\033[7m\033[3${cBoxNew}m\033[4${cBoxNew}m"
        for((j=0;j<8;j+=2))
        do
                ((i=iTop+1+${boxNew[$j]}))    ((t=iLeft+2 * iTrayWidth+7+
2 * ${boxNew[$j+1]}))
                echo-ne"\033[${i};${t}H[]"
        done
        echo-ne"\033[0m"
    }

    #初始绘制
    function InitDraw()
    {
        clear
      RandomBox     #随机产生方块,这时右边预显示窗口中有方快了
    RandomBox     #再随机产生方块,右边预显示窗口中的方块被更新,原先的方块将开始下落
        local i t1 t2 t3

        #显示边框
        echo-ne"\033[1m"
        echo-ne"\033[3${cBorder}m\033[4${cBorder}m"
          ((t2=iLeft+1))
        ((t3=iLeft+iTrayWidth * 2+3))
```

```
        for((i=0;i<iTrayHeight;i++))
        do
                ((t1=i+iTop+2))
                echo-ne"\033[${t1};${t2}H||"
                echo-ne"\033[${t1};${t3}H||"
        done
        ((t2=iTop+iTrayHeight+2))
        for((i=0;i<iTrayWidth+2;i++))
        do
                ((t1=i*2+iLeft+1))
                echo-ne"\033[${iTrayTop};${t1}H=="
                echo-ne"\033[${t2};${t1}H=="
        done
        echo-ne"\033[0m"
        #显示"Score"和"Level"字样
        echo-ne"\033[1m"
        ((t1=iLeft+iTrayWidth*2+7))
        ((t2=iTop+10))
        echo-ne"\033[3${cScore}m\033[${t2};${t1}HScore"
        ((t2=iTop+11))
    echo-ne"\033[3${cScoreValue}m\033[${t2};${t1}H${iScore}"
        ((t2=iTop+13))
        echo-ne"\033[3${cScore}m\033[${t2};${t1}HLevel"
        ((t2=iTop+14))
    echo-ne"\033[3${cScoreValue}m\033[${t2};${t1}H${iLevel}"
        echo-ne"\033[0m"
}


#退出时显示GameOVer!
function ShowExit()
{
        local y
        ((y=iTrayHeight+iTrayTop+3))
        echo-e"\033[${y};0HGameOver!\033[0m"
        exit
}
#显示用法
function Usage
{
    cat<<EOF
    Usage:$APP_NAME
    Start tetris game.
```

```
-h,--help                  display this help and exit
--version             output version information and exit
    EOF
}

#游戏主程序在这儿开始
if [[" $1"=="-h" ||" $1"=="--help"]];then
        Usage
elif [[" $1"=="--version"]];then
        echo" $APP_NAME $APP_VERSION"
elif [[" $1"=="--show"]];then
        #当发现具有参数--show时,运行显示函数
        RunAsDisplayer
else
    bash $0--show&          #以参数--show将本程序再运行一遍
RunAsKeyReceiver $!          #以上一行产生的进程的进程号作为参数
fi
```

参考文献

[1]陈忠文．Linux 操作系统实训教程[M]．2 版．北京：中国电力出版社，2009.

[2]潘志安．Linux 操作系统应用[M]．北京：高等教育出版社，2009.

[3]冯昊．Linux 服务器配置与管理[M]．2 版．北京：清华大学出版社，2009.

[4]谢蓉．Linux 基础与应用[M]．2 版．北京：中国铁道出版社，2012.

[5]林慧琛．Red Hat Linux 服务器配置与应用[M]．北京：人民邮电出版社，2006.

[6]王刚．Linux 命令、编辑器与 shell 编程[M]．北京：清华大学出版社，2012.

北京师范大学出版集团
BEIJING NORMAL UNIVERSITY PUBLISHING GROUP
北京京师文森图书有限公司

地址：北京市海淀区信息路甲 28 号科实大厦 C 座 12B
电话：010-62979006\ 8030　　传真：010-62978190
网址：www.jswsbook.com　　邮箱：jswsbook@163.com

官方微信公众号　　官方微博

教师样书申请表

请您在我社网站上所列的高校教材中选择样书（每位教师每学期限选 1-2 种），以清晰的字迹真实、完整填写下列栏目，并由所在院（系）的主要负责人签字或盖章。符合上述要求的表格将作为我社向您提供免费教材样书的依据。本表复制有效，可传真或函寄，亦可发 E-mail。

姓名：________　性别：________　年龄：________　职务：________　职称：________

院校名称：______________　大学（学院）________　学院（系）________　教研室

通信地址：____

邮编：______________　座机：____________　手机：____________

E-mail：______________　微信：______________　QQ：____________

教授课程　　学生层次　　学生人数 / 年　　用书时间

________　□研究生　□本科　□高职　________　□春季　□秋季

现使用教材　　版本　　换教材意向

________________________________　出版社　□有　□无

换教材原因

课程____

原因____

曾编教材情况

书名	出版社	主编 / 副主编 / 参编	出版时间

您是否愿意参加我们的教材编写计划：　□愿意　□目前无意向

希望编写教材名称：________________________________

所需样书

书名	书号（ISBN）	作者	定价